国家自然科学基金面上项目（52379039）
国家自然科学基金青年项目（51909079）
河南省科技特派员项目（2023HNSKJTPY01）
河南省科技攻关计划项目（182102310836）
河南科技大学青年骨干教师项目（13450001）

苹果水肥高效利用理论与调控技术

周罕觅　著

中国原子能出版社

图书在版编目（CIP）数据

　　苹果水肥高效利用理论与调控技术 / 周罕觅著.
北京：中国原子能出版社，2024. 6. -- ISBN 978-7
-5221-3491-8

　　Ⅰ. S661.1

　　中国国家版本馆 CIP 数据核字第 20240F7G31 号

苹果水肥高效利用理论与调控技术

出版发行	中国原子能出版社（北京市海淀区阜成路 43 号　100048）
责任编辑	王齐飞
责任印制	赵　明
印　　刷	河北宝昌佳彩印刷有限公司
经　　销	全国新华书店
开　　本	787 mm×1092 mm　1/16
印　　张	15.25
字　　数	307 千字
版　　次	2024 年 6 月第 1 版　2024 年 6 月第 1 次印刷
书　　号	ISBN 978-7-5221-3491-8　　　定　价　**88.00** 元

发行电话：010-68452845　　　　　　　版权所有　侵权必究

前　言

　　随着国民经济的发展，人们对水果的需求量日渐提高，果树作为经济作物是增加农民收入的重要途径，我国是世界最大的苹果生产国，产量和种植面积均占世界的50%以上，从我国各地区优质苹果的种植面积来看，主要分布在光照资源丰富、年降水量500 mm左右的北方半干旱地区，降水不足和不均匀是我国北方半干旱地区农业生产的主要限制因素，因此，在北方干旱或半干旱地区研究苹果节水灌溉制度，促进苹果稳产、高产具有重要的意义。传统的施肥方式或方法存在很大的盲目性，造成肥料大量的浪费和土地河流的污染，更缺乏水肥之间的协同效应或耦合效应，已经不能够满足现代农业发展的需求，直接影响作物的产量和经济效益，因此，寻求合理的施肥制度刻不容缓。

　　水肥一体化技术是节水节肥、高产高效的农业工程技术，可依据作物生长发育对水肥的需求，以及土壤内水分养分状况，把液体肥料或者充分溶解的固体肥料，定时定量地将水、肥施入到作物根部，为植物营造良好的生长环境，在提高苹果产量、改善果实品质和节水减肥等方面效果显著。运用现代水肥一体化技术，通过节水灌溉和肥料减施，对北方半干旱地区苹果树生长状况、生理特性、果实产量、品质等进行探索。通过田间试验进行分析研究，揭示节水减肥对苹果生长生理特性和品质的影响机理，在此基础上构建节水减肥条件下苹果生长生理特性及品质的综合评价方法，通过综合评价方式确定出在多维目标上都达到最优的苹果种植最佳水肥制度。研究成果为深入理解水肥耦合效应及高效利用机制,实现苹果增产增收、种植环保节约高效提供理论与技术依据,对增加果农收入,以及促进苹果产业积极发展具有重要的意义。

全书共 3 部分包含 22 章,第一部分苹果幼树水肥耦合效应及高效利用机制,主要研究了水肥耦合条件下苹果幼树生长指标、生理指标、耗水规律、土壤水肥运移规律、叶片水分利用效率、水分生产力、灌溉水利用效率和肥料偏生产力对不同水肥的响应机制,探明了苹果幼树对水肥耦合效应的响应规律和最佳水肥组合;第二部分滴灌施肥一体化调控下苹果幼树水肥耦合效应,主要研究了北方半干旱地区苹果幼树的不同水肥供应模式对生长发育状态、根区水分有效性、水分的吸收、干物质积累,特别是水分利用效率和水分生产率的影响机制及效应,提出了苹果幼树水肥耦合效应下的最佳灌溉施肥制度,以及相应的技术参数;第三部分节水减肥调控对苹果生长发育的影响及综合评价,主要研究了节水减肥对苹果树生长生理指标、干物质量与产量、果实品质,以及水肥利用效率的影响,采用 AHP 层次分析法和熵权法对苹果树各单一指标分别进行主观和客观综合赋权,然后利用线性组合赋权法计算各个指标最终权重值,基于 TOPSIS 法建立以高效、高产、高品为目标的苹果综合指标评价模型。

本书由周罕觅著,并最终统稿、审定完成。张富仓、李心平、杜新武、牛晓丽、王升升、秦龙、张硕、孙旗立、陈佳庚、马林爽、苏裕民、李纪琛等参加了本书的研究和编排工作。本研究得到国家自然科学基金项目、河南省科技特派员项目、河南省科技攻关计划项目、河南科技大学青年骨干教师项目等的资助,在此一并表示衷心感谢。

由于本书涉及多学科的交叉内容,书中难免会有缺点与错误,恳请广大读者和同行专家批评指正。

作者
2024 年 4 月

目　　录

第1篇　苹果幼树水肥耦合效应及高效利用机制研究

第1章　苹果幼树水肥耦合效应及高效利用机制概述 ·····························3

　　1.1　研究背景 ···3

　　1.2　研究目的和意义 ···4

　　1.3　国内外研究进展 ···6

　　1.4　研究内容和技术路线 ·····································14

第2章　苹果幼树水肥耦合效应及高效利用机制试验设计与方法 ···········16

　　2.1　试验区概况 ··16

　　2.2　研究方法 ··19

　　2.3　数据处理 ··24

第3章　水肥耦合对苹果幼树生长的效应研究 ·····························25

　　3.1　水肥耦合对苹果幼树植株生长的效应 ················26

　　3.2　水肥耦合对苹果幼树基茎生长的效应 ················28

　　3.3　水肥耦合对苹果幼树叶面积的效应 ···················31

　　3.4　水肥耦合对苹果幼树叶片光合势的效应 ·············33

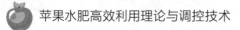

第4章　水肥耦合对苹果幼树生理特性的效应研究…………………36

4.1　水肥耦合对苹果幼树冠层温度和冠层温度—气温差日际变化的
效应 …………………………………………………………37

4.2　水肥耦合对苹果幼树冠层温度和冠层温度—气温差日变化的
效应 …………………………………………………………40

4.3　水肥耦合对苹果幼树叶片相对含水率和饱和含水率的效应………42

4.4　水肥耦合对苹果幼树叶片脯氨酸和丙二醛含量的效应…………44

4.5　水肥耦合对苹果幼树叶片叶绿素含量的效应……………………46

第5章　水肥耦合对苹果幼树光合特性和叶片水分利用效率的效应研究 …50

5.1　水肥耦合对苹果幼树不同生育期光合特性和叶片水分利用效率的
效应 …………………………………………………………51

5.2　水肥耦合对苹果幼树光合特性和叶片水分利用效率日变化的效应…56

5.3　水肥耦合条件下苹果幼树净光合速率与其他生理指标间的
相关关系 ……………………………………………………64

5.4　水肥耦合条件下苹果幼树叶片水分利用效率与其他生理
指标间的相关关系 …………………………………………65

第6章　水肥耦合对苹果耗水规律和水分生产率的效应研究…………68

6.1　水肥耦合对苹果幼树各生育期耗水强度的效应………………69

6.2　水肥耦合对苹果幼树干物质质量、耗水量和水分生产率的效应…72

6.3　水肥耦合条件下苹果幼树耗水强度与干物质间的相关关系………74

6.4　水肥耦合条件下苹果幼树水分生产率与其他生理指标间的
相关关系 ……………………………………………………75

第7章　水肥耦合对苹果产量、品质及灌溉水利用效率的效应研究………77

7.1　水肥耦合对苹果幼树产量的效应………………………………78

7.2 水肥耦合条件下苹果产量与干物质量的关系 ……………………… 79

7.3 水肥耦合对苹果幼树果实品质的效应 …………………………… 80

7.4 水肥耦合对苹果幼树肥料偏生产力的效应 ……………………… 83

7.5 水肥耦合对苹果幼树灌溉水利用效率的效应 …………………… 84

7.6 水肥耦合条件下灌溉水利用效率与水分生产率和叶片水分利用

效率的关系 …………………………………………………… 85

第8章 水肥耦合对苹果土壤水分和养分分布规律的效应研究 ………… 86

8.1 水肥耦合对苹果幼树土壤剖面水分运移的效应 ……………… 87

8.2 水肥耦合对苹果幼树土壤硝态氮变化和运移的效应 ………… 89

8.3 水肥耦合对苹果幼树土壤有效磷变化的效应 ………………… 93

第9章 苹果幼树水肥耦合效应及高效利用机制结论与展望 …………… 96

9.1 主要结论 …………………………………………………… 96

9.2 展望 ………………………………………………………… 98

第2篇　滴灌施肥下苹果幼树水肥耦合效应研究

第10章 滴灌施肥一体化下苹果幼树水肥耦合效应概述 ……………… 103

10.1 研究背景和意义 …………………………………………… 103

10.2 国内外研究现状 …………………………………………… 104

10.3 研究内容和技术路线 ……………………………………… 108

第11章 滴灌施肥下苹果幼树水肥耦合效应试验设计与研究方法 ……… 110

11.1 试验地概况 ………………………………………………… 110

11.2 试验设计 …………………………………………………… 111

11.3 测定项目及方法 …………………………………………… 112

11.4 数据处理 …………………………………………………… 114

第 12 章　水肥耦合对苹果幼树生长和生理特性的影响 ················ 115

　　12.1　水肥耦合对苹果幼树不同生育期植株生长量的影响 ············ 115

　　12.2　水肥耦合对苹果幼树不同生育期基茎生长量的影响 ············ 118

　　12.3　水肥耦合对苹果幼树叶面积的影响 ······················ 121

　　12.4　水肥耦合对苹果幼树不同时期叶绿素含量的影响 ············ 124

第 13 章　水肥耦合对苹果幼树光合特性的影响 ···················· 128

　　13.1　水肥耦合对苹果幼树光合速率的影响 ···················· 128

　　13.2　水肥耦合对苹果幼树蒸腾速率的影响 ···················· 131

　　13.3　水肥耦合对苹果幼树气孔导度的影响 ···················· 134

　　13.4　水肥耦合对苹果幼树水分利用效率的影响 ················ 138

第 14 章　水肥耦合对苹果幼树水分生产率的影响及相关关系 ········ 142

　　14.1　水肥耦合对苹果幼树干物质量、耗水量及水分生产率的影响 ··· 142

　　14.2　水肥耦合条件下苹果幼树各指标间的相关关系 ·············· 144

第 15 章　滴灌施肥下苹果幼树水肥耦合效应结论与展望 ············ 151

　　15.1　主要结论 ·· 151

　　15.2　展望 ·· 153

第 3 篇　节水减肥对苹果生长发育的影响及综合评价研究

第 16 章　节水减肥对苹果生长发育的影响及综合评价概述 ·········· 157

　　16.1　研究背景及意义 ·· 157

　　16.2　国内外研究进展 ·· 159

第 17 章　节水减肥对苹果生长发育的影响试验设计与方法 ·········· 164

　　17.1　研究内容与技术路线 ······································ 164

17.2 试验设计与实施 …………………………………………… 166

17.3 测定项目与方法 …………………………………………… 168

17.4 数据处理与分析 …………………………………………… 170

第18章 节水减肥对苹果树生长指标的影响 …………………… 171

18.1 节水减肥对苹果树各生育期植株生长量的影响 ………… 171

18.2 节水减肥对苹果树各生育期基茎生长量的影响 ………… 175

18.3 节水减肥对苹果树各生育期叶面积的影响 ……………… 178

第19章 节水减肥对苹果树生理指标的影响 …………………… 182

19.1 节水减肥对苹果树各生育期叶绿素的影响 ……………… 182

19.2 节水减肥对苹果树光合速率的影响 ……………………… 184

19.3 节水减肥对苹果树蒸腾速率的影响 ……………………… 186

第20章 节水减肥对苹果水肥利用和产量品质的影响 ………… 188

20.1 节水减肥对苹果树水分利用效率的影响 ………………… 188

20.2 节水减肥对苹果树水分生产率的影响 …………………… 190

20.3 节水减肥对苹果树肥料偏生产力的影响 ………………… 192

20.4 节水减肥对苹果树干物质质量和产量的影响 …………… 193

20.5 节水减肥对苹果树果实品质的影响 ……………………… 195

第21章 基于组合赋权TOPSIS模型的苹果综合评价 ………… 197

21.1 苹果树综合评价模型构建 ………………………………… 197

21.2 建立苹果树生长综合评价层次结构 ……………………… 197

21.3 采用层次分析法（AHP）和熵权法进行指标主客观
权重确定 …………………………………………………… 199

21.4 TOPSIS法综合评价模型计算 …………………………… 205

第 22 章　节水减肥对苹果生长发育的影响及综合评价结论与展望………208

22.1　主要结论 ……………………………………………………… 208

22.2　展望 …………………………………………………………… 210

参考文献 ……………………………………………………………… 212

第1篇　苹果幼树水肥耦合效应及高效利用机制研究

第1章 苹果幼树水肥耦合效应及高效利用机制概述

1.1 研究背景

联合国 2003 年 3 月发表的《世界水发展报告》指出，当今世界各国面临着水资源危机的共同挑战，据预测，到 2025 年，清洁淡水的短缺将造成世界 2/3 人口用水困难，如果水资源危机不能得到有效解决，人类生存将面临水资源短缺与水环境恶化的严重威胁。2012 年，我国人均水资源量只有 2 100 m³，仅为世界人均水平的 28%，水资源短缺已成为制约我国经济社会持续发展的重要因素之一。根据中华人民共和国水利部发布的 2013 年中国水资源公报，2013 年我国水资源总量为 27 957.9 亿 m³，总用水量为 6 183.4 亿 m³，用水消耗总量为 3 263.4 亿 m³，其中农业用水和耗水分别为 63.4% 和 65%。可见，农业用水和耗水所占比例之大。我国水资源利用方式粗放，用水效率不高是导致水资源紧缺的主要原因之一。2002 年，我国农业灌溉用水有效利用系数为 0.4～0.5，发达国家为 0.7～0.8；水的重复利用率为 50%，发达国家已达 85%，说明我国与发达国家相比还存在着较大差距，但同时也说明我国在发展节水农业方面具有很大的潜力和广阔的前景。若将我国农田灌溉水的利用效率由目前的 45%提高到发达国家 70%的最低水平，则可节水 900 亿～950 亿 m³，这无疑将对我国节水农业的发展做出巨大的贡献。

水分和肥料是农业生产中的两大主要因素，也是可以调控的两大关键因素。我国大田生产中，化肥利用系数基本都在 0.3 左右，其中氮肥的当季利用系数为 0.3～0.35，磷肥的当季利用系数约为 0.10～0.25，钾肥的当季利用系数为 0.35～0.50，而发达国家则高达 0.50～0.60。因此化肥在实际大田生产中损失非常严重，据推算，1985—1996 年期间，我国仅氮肥的损失就达 1 980 亿元。除了上述经济损失外，大量使用肥料所带来的土壤板结、产品品质下降、环境污染等问题也越来越严重。现代农业生产中作物优质高产需要适宜的水分和养分供应，两者缺一不可，肥料的不合理使用和较低的水分利用效率已成为主要问题。众所周知，以水促肥，以肥调水，两者相辅相成，水肥耦合是获得作物高产、高效的必由之路。因此，开展水肥耦合效应下作物对水肥的响应机制和高效利用研究已成为现代农业可持续发展中迫切需要解决的科学问题。

1.2　研究目的和意义

水果是我国重要的经济作物，目前水果已成为继粮食、蔬菜之后的第三大农作物，水果产业在国民经济中具有重要地位。果业不仅是我国农村经济的一大支柱产业，还是我国干旱半干旱地区乃至全国农民脱贫致富、增加收入的重要渠道。我国是一个人口大国，随着社会经济的快速发展和人民生活水平的不断提高，人们对水果的需求量愈来愈大，并且对水果的品质（如色泽、口感、大小、维生素含量等）要求也越来越高。2002 年全国果业学术研讨会的资料表明，中国目前水果年总产量达 5 900 多万 t，占世界果品总产量的 13.4%；种植面积也达 840 万 hm^2，约占我国农业耕地面积的 6.8%，占世界果树总面积的 21%左右，这两项指标都已跃居世界第一。目前在我国许多干旱缺水的贫困落后地区，水果产业已成为当地脱贫和农业经济发展的重要支柱。虽然中国人均果树面积 79 m^2，已接近 83 m^2 的世界人均水平，但中国果树平均单产仅为世界平均值的 66%，造成我国人均果品拥有量仅为 47 kg，远低于世界人均水平（75 kg），这项指标表明中国果树增产的潜力巨大，果树的经济效益还有很大的升值空间。因此，对果树水肥实施科学的管理既能有效的节约用水、用肥，又能增加果实的产量、品质，最终达到增加农民收益的效果。

我国是苹果世界第一生产大国，苹果栽培面积约为 225 万 hm^2，苹果在各种水果中位居首位，因此对苹果进行先行研究是促进我国果业发展的基石。从我国优质苹果的分布来看，品质较好的主要分布在光照资源丰富、年降水量 500 mm 左右及其以下的北方干旱、半干旱地区，水量不足是我国北方干旱、半干旱地区农业生产的主要限制因素。因此，在干旱或者半干旱地区研究苹果树节水灌溉机理和灌溉制度，促进苹果稳产、高产具有很重要的意义。随着我国农业生产水平的不断提高，依靠传统经验施肥的方法已不能适应现代农业生产发展的要求，苹果树的施肥策略也存在着很大的盲目性，影响苹果的产量、品质和经济效益。近些年国内外学者对果树水肥耦合效应进行了一些研究，但主要集中在成龄挂果的果树上，这是由于成龄挂果果树的产量和果实品质能直观反映出试验灌溉和施肥策略的优劣，以及最佳的经济效益配比。对挂果前的幼树研究较少，因为幼树存在着不结果或者结果少等问题，很难反映其经济效益，但幼树是果树生长过程中必然经历的一个至关重要的阶段，幼树生长的优劣直接决定了将来挂果的个数、产量，以及品质，因此对苹果幼树进行水肥高效利用机制研究，促进其健康合理地生长，以期为干旱或半干旱地区苹果幼树的生长、生理研究,以及最佳水肥耦合效应提供理论依据和实践基础具有很重要的现实意义。

1.3　国内外研究进展

1.3.1　水肥耦合效应研究概述

1. 水肥耦合效应的概念

水肥的研究早在 16 世纪就有科学试验记载,当时人们认识的主要是水的作用, 到 17 世纪后才认识到肥料的作用。1911 年, Montgomery 等在 Mabraka 进行了土壤肥力对玉米需水影响研究。虽然植物对水和养分的吸收是两个相对独立的过程, 但是由于水分影响着整个土壤中的微生物和植物的生理生化过程, 使得土壤水和养分紧密复杂地连在一起。在旱地农业中, 植物营养的基本问题是如何在水分受限制的条件下通过合理施用肥料来提高水分利用效率,对水肥耦合的研究才开始处于真正的重视与研究之中。

水肥耦合效应就是指在农业生态系统中,土壤矿物质元素和水这两个体系融为一体, 相互作用、相互影响而对植物的生长发育产生的结果或现象。水肥耦合效应的核心是强调影响作物生长的水、肥两大因素之间的有机联系,利用二者之间的耦合效应进行水肥及作物的综合管理,提高作物的生产力和水肥利用效率。因地制宜地调节水分和肥料, 使它们处于合理的范围,使水肥产生协同作用,达到"以水促肥"和"以肥调水"的目的,对节约水、肥资源和保护环境将有重要的意义。

2. 水肥耦合效应的分类

水分与肥料对作物生长发育的影响是相互的。而同一作物在不同的水肥供应条件下生长情况又大不相同，水肥之间存在一定的耦合效应，而这种效应跟它们单因素的效应有所不同。水肥耦合效应对植物可产生 3 种不同的结果或现象，即协同效应、叠加效应和拮抗效应。

水肥协同效应：即水肥两个或两个以上体系相互作用、相互影响、互相促进，其多因素的耦合效应大于各自效应之和，也称耦合正效应。如作物灌水和施肥量同时增加比只灌水或施肥增产更多。增加灌水和施肥用量能提高番茄产量；在温室内实施膜下滴灌技术时，施肥量和灌水量的交互作用对温室番茄产量和品质有明显的提升作用。

水肥叠加效应：若水肥两个或两个以上体系的作用等于各自体系效应之和，体系之间无耦合效应，或者称叠加作用。如增加或减少灌水量对作物肥料的吸收利用没有影响，增加或减少施肥量对作物水分吸收利用没有影响。常规灌水处理下，不同施氮量处理小南瓜产量差异不显著。

水肥拮抗效应：水肥两个或两个以上体系相互制约、互相抵消或者一个体系中各因素互相抵消，各因素的耦合效应之和为负效应或拮抗效应。如在水肥调控过程中，过量的施肥反而会抑制作物的生长。日光温室黄瓜产量随着施氮量的增加而增加，但当施氮量超过 $600\ kg \cdot hm^{-2}$ 时，对黄瓜的增产不利，随着灌水量或施氮量的增加，设施芹菜产量都表现为先增加后降低的趋势。

1.3.2 水肥耦合效应的研究机制

1. 水分对作物养分转化和吸收的影响

水分是养分吸收和运输的载体，并使养分呈现可被吸收和利用的形态土壤中养分通过扩散与质流的方式向根表迁移，并通过根系对养分进行吸收，这些过程都借助水来完成植物对养分的吸收、运转和利用都依赖于土壤水分，土壤的水分状况在很大程度上决定着肥料的有效性、吸收量和利用率。水分是影响土壤养分有效化的关键因素之一，土壤中的有机质是作物养分吸收的重要来源,施入土壤的肥料也需要在土壤中转化。植物对矿质养分的吸收、运转以及土壤中养分的扩散都需要依靠土壤水分这种媒介,土壤水分状况在很大程度上决定着肥料的合理用量与利用效率。

有研究表明当土壤含水量为田间最大持水量的 50%~70%时,土壤中的硝化作用最为旺盛,过高或过低都会一定程度地抑制硝化作用;作物通过根系吸收土壤中的水分和养分,导致近根区周围的养分离子浓度要低于远根区,从而使水势大的远根区矿质离子向近根区迁移,以缩小浓度差异,而迁移的速度直接取决于土壤的水分值;小麦吸收土壤磷与土壤水分状况呈线性关系;由于磷素的溶解及移动性较低,磷元素还容易与土壤中的钙、镁等离子生成难溶性磷,不易被作物吸收,尤其在干旱和碱性的土壤环境中,而增加土壤水分可以增强有机态磷矿化为无机态磷,提高可供植物吸收的磷形态浓度;若土壤水分干湿交替,尤其是水分缺乏状况下,会增强土壤钾素的固定,降低土壤钾的移动性,抑制植物生长,从而减少植物对钾离子的吸收;任何生育期缺水,既抑制小麦对土壤氮素的吸收,也降低了籽粒的氮素累积,不同生育期缺水及分蘖期补充灌水均显著降低小麦对土壤磷素的吸收,灌浆期补水对吸磷能力的影响不明显;在秸秆还田条件下,拔节期或孕穗期增加灌水量则更有利于冬小麦养分吸收及干物质积累与转移,提高籽粒水分利用效率。

2. 养分对作物水分吸收和利用的影响

正常灌水下高氮植株的羊茅草叶片水分利用效率要高于低氮植株,但在干旱条件下低氮植株的叶片水分利用效率提高幅度更大;施肥可以提高土壤水分的利用效率,增加了深层土壤水的向上的移动和水分活化,使冬小麦的叶水势随施肥而降低;施肥提高作物水分利用效率的机理在于施肥促进了旱地植物根系发育,提高根系的吸水功能,以及改善叶片的光合能力,增加同化物含量;施肥可以提高小麦的水分利用效率但并不以消耗土壤更多水肥为代价;增施氮肥和磷肥能明显增强冬小麦对土壤深层水的利用,从而改善了冬小麦的水分利用效率；施有机肥可以提高使土壤耕作层更加松动，增加了土壤的孔隙度，从而提高了牧草地的水分利用效率，增加了土壤持水力，使其利用更多的土壤水分；在不同湿润方式下，上层充足的氮磷供应有利于提高冬小麦光合速率、产量和氮磷养分有效性；在高、中水分处理条件下，提高施肥水平能促进温室盆栽黄瓜植株的生长，提高了光合速率，同时促进黄瓜植株根系的发育，提高根冠比与根系活力，进而提高了水分利用效率；而在低水分处理条件下，高肥水平反而会抑制黄瓜植株的生长，降低光合速率，水分利用效率也较低。

1.3.3　作物水肥耦合效应研究进展

1. 小麦水肥耦合效应

氮肥是影响小麦生长的关键因素之一，合理施用氮肥可促进小麦叶片和根系的发育，增强叶片光合作用和根系吸水作用，提高作物水分和养分的利用能力，但在不同干旱条件下氮肥对水分利用效率的提高作用并不相同，且在严重干旱条件下，氮肥对作物产量和水分利用效率的提高作用非常有限。有研究表明合理的施氮和灌水冬小麦产量为 9 700 kg·hm^{-2}，干旱不缺氮条件下产量为 7 900 kg·hm^{-2}，低氮不缺水条件下产量为 4 300 kg·hm^{-2}，干旱和低氮条件下产量为 3 800 kg·hm^{-2}；水肥营养对冬小麦株高和叶面积指数有明显的影响，随灌水量和施肥量的增加而增加；增加施氮有利于小麦茎和叶的生长，增加了叶面积指数，最终增加了产量；灌水增加了小麦的叶面积指数；半干旱地区土壤水分利用效率和土壤含水率都会随着灌水量的增加而增加，水分利用效率会随着氮肥和磷肥的增加而提升，高水高肥处理最有利于春小麦的生长；水肥空间耦合对冬小麦的影响很明显，在深层施肥20 cm 条件下，冬小麦在生长后期能够维持较低的气孔导度和较高的光合速率，从而有效地减少了水分散失，表现出很好的节水效果；在水分逆境条件下，氮肥对冬小麦植株生长和干物质积累，以及氮素的吸收都具有明显的调节作用，任何生育期内水分亏缺都会影响冬小麦的株高、叶面积、干物质累积及对氮素的吸收；不同灌水处理对春小麦的株高、叶面积指数和冠层干物质量均有一定的影响，施氮可以提高春小麦的株高、叶面积指数和冠层干物质量。

2. 玉米水肥耦合效应

有研究表明玉米产量随着灌水量和施肥量的增加而增加，在灌水 523 mm 和施肥 300 kg·hm^{-2} 玉米可获得最高产量，最高产量为 6 150 kg·hm^{-2}；在干旱条件下，施氮磷肥均增大了玉米叶片的气孔导度，但氮肥对促进气孔开放的作用要明显大于磷肥的作用；干旱条件下施氮磷肥均有利于增加玉米叶片净光合速率，但氮肥同时减小了光合气孔和非气孔限制的作用，而磷肥提高光合速率主要以减小光合作用的非气孔限制为主；在施氮一定的条件下，干旱胁迫供水与充分供水相比，玉米产量减少 32%（1995 年）、13%（1996 年）、21%（1997 年）；在干旱条件下，80 kg·hm^{-2} 氮肥可使玉米达到最大产量，充分供水条件下，160 kg·hm^{-2} 氮肥可使玉米达到最大产量；水分胁迫增加了收货指数。由于夏玉米苗期植株比较小，土壤墒情能基本满足玉米生长的需求，因此不同水分处理之间差异不显著；但随着生育期的推进，玉米对水分和氮素的需求增大，所以各水分和氮肥处理之间表现出显著差异；各生育期不灌水都能降低春玉米的株高、叶面积、籽粒产量；灌水对苗期株高影响不显著，氮肥对各生育期株高影响均显著，水氮互作效应对苗期株高影响不显著，氮肥和水氮互作效应对各生育期叶面积均有显著影响，但两生育期不灌水处理大于单生育期不灌水处理对叶面积的影响；在相同的揭膜时期施氮处理的夏玉米株高、叶面积均高于不施氮处理，而高氮和低氮处理间无显著差异；夏玉米在相同的揭膜时期随着施氮量的增加，叶片净光合速率有逐渐减小的趋势。

3. 番茄水肥耦合效应

有研究表明滴灌施肥的番茄产量随施肥量增加而增加；增加灌水和施肥

用量能提高番茄产量；干旱胁迫使番茄体内的叶绿素含量升高，相反，有研究却表明干旱胁迫降低了植物的叶绿素含量。过高的灌水施肥量在番茄生长旺盛期反而会抑制茎粗增长，番茄株高、生物量分别随灌水下限的增大而减小；在相同灌水条件下，增加施肥量可以显著提高番茄株高和叶面积，但过高的施肥量反而不利于番茄的生长；在相同的施肥条件下，适当上调灌水下限可以显著增加番茄株高和叶面积，过高的灌水下限也不利于番茄的生长；增加灌水量和施肥量均可以提高番茄叶片的净光合速率和叶片水分利用效率，但过高的灌水和施肥量均不利于番茄光合速率和叶片水分利用效率的提高，番茄叶片的水分利用效率与净光合速率呈二次抛物线相关的关系；水肥条件的高低与番茄的株高及茎粗成正相关；水对番茄产量的影响小于肥，水肥对产量存在显著的正效应，番茄的产量随灌水和施肥的增加而显著增加，但超过一定范围后产量会逐渐降低。

4. 黄瓜水肥耦合效应

有研究表明黄瓜产量随着灌水量的增加而增加，充分灌溉条件下黄瓜产量最高，但黄瓜灌溉水利用效率和品质有所下降；黄瓜产量随着施氮量的增加而增加，但当施氮量超过 600 kg·hm^{-2} 时，对黄瓜的增产不利；适宜的土壤水分有利于温室黄瓜结果期植株生长和产量提高，水分过高则植株徒长，产量无显著增加，水分利用效率降低；水分过低则植株生长受抑，产量降低；氮素是决定黄瓜生长发育的决定性指标，对黄瓜的株高、茎粗叶绿素含量和产量都有显著影响；不同灌水量对温室盆栽黄瓜株高、叶面积指数、干物质均有明显的影响，均随灌水量的增加而增加；在高、中水分处理条件下，提高施肥水平能促进黄瓜植株的生长，提高叶片的光合速率，同时促进黄瓜植株根系的发育，提高根冠比与根系活力，进而提高了叶片水分利用效率；而在低水分处理条件下，高肥水平反而会抑制黄瓜植株的生长，降低叶片光合速率，叶片水分利用效率也较低；滴灌施肥条件下，增加灌水量可以提高果实产量和氮肥利用效率，而增大施氮量则降低了黄瓜的品质及氮素利用效率；灌水量与黄瓜株高、叶面积指数有着正相关的作用，但黄瓜的株高、叶面积指数随施氮量的增加表现为先增大后降低；黄瓜产量随施氮量的增加而增加，灌水量对水分利用效率有显著负相关作用，在 60%年蒸发蒸腾量水平下获得最大值，施氮量对水分利用效率表现为正相关作用。

5. 果树水肥耦合效应

有研究表明对苹果净增值率的重要性由大到小的顺序是：肥料配比、施肥量、灌水时间、灌水量。对产量和水分利用效率的重要性由大到小的顺序是：施肥量、灌水时间、肥料配比、灌水量；有条件地增加土壤磷肥使用量增加了土壤 pH、土壤中磷的活性和磷营养，提高了苹果树的活力、产量、果实颜色和储存后的果实硬度；水分胁迫下樱桃树水分利用效率增加，但100%作物蒸散量与75%作物蒸散量没有明显的产量差异；基肥添加 1 300 g 硫酸钾、350 g Zn、140 g Fe 和 600 g 磷酸铵施肥水平最有利于樱桃树的生长；水肥耦合能显著提高柑橘产量，对增加果实大小也有一定的积极作用，对增加柑橘果实糖和维生素 C 含量也较为明显，也起到了改善品质的作用；缺硼条件下柑橘幼苗叶片丙二醛含量高于不缺硼处理；水肥耦合能显著提高5 a 生兔眼蓝莓产量，和增加果实大小，对增加蓝莓果实糖和花青苷含量也较为明显；红富士苹果的光合特性在不同水肥组合下的变化不同，其光合作用存在明显的"午休"现象，中水高肥和高水高肥的肥水组合对光合速率的保持有一定的作用，低水中肥的肥水组合的蒸腾速率最低，保水效果最好；中度水分供应条件下，施用较多的氮肥可以提高气孔导度利于光合的进行；肥水管理以灌溉量 5 250 m³·hm⁻²、氮肥施用量 600 kg·hm⁻²方案能获得较高的品质效益；合适的土壤水分和适量增施肥料有利于树莓叶片净光合速率的提高，控制肥料施入可有效降低树莓叶片的蒸腾速率和提高胞间 CO_2 浓度，肥料适度时适量提高土壤水分有利于提高树莓叶片的净光合速率和叶片气孔导度，在施肥一定的条件下，合适的土壤含水量有利于提高果实中有机酸、可溶性糖和 SOD 营养物质的积累，充分供水提高了果实中可溶性固形物和维生素 C 的含量。

1.3.4　存在的问题

通过了解上述国内外水肥耦合效应研究进展发现,国内外许多学者对作物水肥耦合效应做了大量、积极和有益的探索,但研究主要集中在粮食和蔬菜作物上,而果树的水肥耦合效应研究又主要集中在成龄挂果果树,针对果树幼树水肥耦合效应研究较少。对果树幼树进行水肥耦合研究主要存在以下问题。

（1）果树幼树存在着不结果或者结果少等问题,很难反映其经济效益,但幼树是果树生长过程中必然经历的一个至关重要的阶段,幼树生长的优劣直接决定了将来挂果的个数、产量,以及品质。因此,水肥耦合条件下如何反映果树幼树的生长状况,使果树健康生长,仍需深入研究。

（2）在干旱或者半干旱地区,节水灌溉已成为农业生产的第一要务,水分和肥料又是农业生产中的两大主要因素。因此,如何确定果树的耗水、耗肥规律,以及果树各生长、生理等指标对水分和肥料的响应规律缺乏系统的研究。

（3）水分是养分吸收和运输的载体,并使养分呈现可被吸收和利用的形态,土壤中养分通过扩散与质流的方式向根表迁移,并通过根系对养分进行吸收,这些过程都借助水来完成。因此,对果树幼树进行研究的同时,如何通过不同灌水量来确定施肥量缺乏深入的研究。

（4）大部分果树水肥耦合试验主要集中在成龄挂果果树上,针对果树幼树进行水肥耦合试验研究,前人研究较少,致使研究指导经验很少,需要在探索中进行。

（5）果树水肥耦合试验研究,适合大田试验,即便是果树幼树也需要大量的土壤环境为种植条件,大田试验环境与实际生产又更为接近,试验结果能直接指导果农的生产实践,但干扰因素较多,试验不易控制水肥,致使试验结果精度不高。如果进行干扰因素较少、试验精度较高的盆栽果树试验，虽然试验条件很理想但试验结果很难应用于实际种植。因此，如何设计试验过程，使试验环境和大田相似又能使试验结果精度较高，从而指导果农对果树幼树的栽培，需要深入考虑。

1.4 研究内容和技术路线

1.4.1 研究内容

（1）水肥耦合条件下，苹果幼树生长指标（植株生长量、基茎生长量、干物质、叶面积和光合势）对不同供水和施肥量的响应规律。

（2）水肥耦合条件下，苹果幼树生理特性（冠层温度、冠层—气温差、叶片相对含水率、叶片饱和含水率、叶片脯氨酸含量、叶片丙二醛含量和叶绿素含量）对不同供水和施肥量的响应规律。

（3）水肥耦合条件下，苹果幼树光合特性（净光合速率、蒸腾速率、气孔导度）和叶片水分利用效率对不同供水和施肥量的响应规律。

（4）水肥耦合条件下，苹果幼树各生育期耗水强度、耗水量和水分生产力对不同供水和施肥量的响应规律。

（5）水肥耦合条件下，苹果幼树产量、品质、肥料偏生产力和灌溉水利用效率对不同供水和施肥量的响应规律。

（6）水肥耦合条件下，苹果幼树土壤剖面水分运移、硝态氮运移，以及根区土壤硝态氮、有效磷的含量对不同供水和施肥量的响应规律。

1.4.2 技术路线

技术路线如图 1-1 所示。

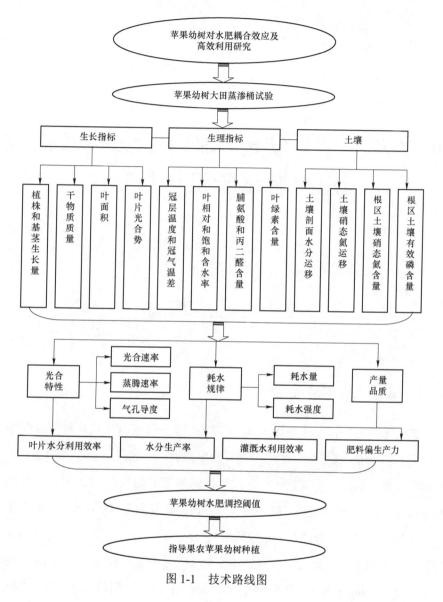

图 1-1　技术路线图

第 2 章　苹果幼树水肥耦合效应及高效利用机制试验设计与方法

2.1　试验区概况

2.1.1　试验地基本情况

　　试验于 2012 年 3 月 5 日—2013 年 10 月 5 日在西北农林科技大学中国旱区节水农业研究院 4 号移动式防雨棚中进行。研究院地处 34°17′N、108°04′E，海拔 520 m，属半干旱半湿润气候，多年平均气温 12.5 ℃、日照时数 2 163.8 h、无霜期 210 天、降雨量 500 mm、蒸发量 1 400 mm。供试土壤为塿土（经自然风干、磨细过 5 mm 筛），土壤 pH 为 7.8，有机质 6.38 g•kg^{-1}，全氮 0.82 g•kg^{-1}，全磷 0.55 g•kg^{-1}，全钾 11.2 g•kg^{-1}，碱解氮 48.3 mg•kg^{-1}，速效磷 13.68 mg•kg^{-1}，速效钾 138.47 mg•kg^{-1}，田间持水量（θ_F）24%。实验场景如图 2-1 所示。

2.1.2　试验区气候条件

　　（a）24 年每天平均降雨量和降雨概率（每天的值为 30 天的平均值）。

　　（b）17 年每天平均蒸发蒸腾量以及 2012 年和 2013 年每天蒸发蒸腾量

（每天的值为 30 天的平均值）。

图 2-1　试验场景

　　图 2-2（a）是试验站 24 年平均每天降雨量和降雨概率（为消除个别年份极端的变化，每天的值都取前 30 天的平均值）；图 2-2（b）是试验站 17年平均每天蒸发蒸腾量和 2012 年、2013 年每天蒸发蒸腾量（为消除极端变化，每天的值都取前 30 天的平均值）。由图 2-2 可以看出，在西北半干旱的杨凌地区苹果 4 月中上旬到 8 月下旬整个关键生育期内总体降雨量较少而蒸发蒸腾量较高（2012 年和 2013 年苹果生育期蒸发蒸腾量高于多年平均值）。苹果整个生育期内，每天的降雨概率基本维持在 18%～25%，降雨量基本从4 月开始 0.8 mm·d^{-1} 到 8 月底的 2.6 mm·d^{-1}，整个过程降雨概率和降雨量

较少，而蒸发蒸腾量较高（4.2～7.8 mm·d⁻¹），苹果整个生育期内又对水分需求较大，故此阶段对苹果树灌溉具有很重要的作用，对苹果树水肥调控的研究有着十分重要的意义。

苹果收获期后（9月、10月）降雨概率和降雨量明显升高（降雨概率维持在26%～36%），蒸发蒸腾量逐渐减弱（见图2-2 b），此阶段正值杨凌多雨时期，在不进行灌溉的条件下果树能够健康生长。本研究结合西北地区（特别是杨凌）当地的气候条件对生育期内苹果树进行水肥调控，相对于国外许多学者通常在收获期后对果树进行灌溉或者调亏灌溉有着很大的不同。

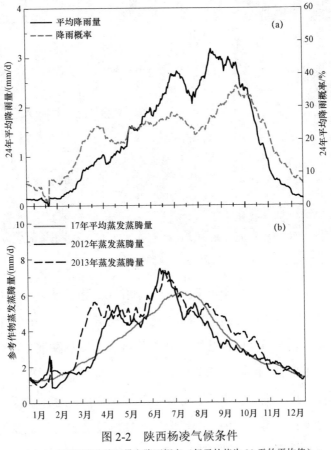

图 2-2　陕西杨凌气候条件

（a）24 年每天平均降雨量和降雨概率（每天的值为 30 天的平均值）

（b）17 年每天平均蒸发蒸腾量以及 2012 和 2013 年每天蒸发蒸腾量（每天的值为 30 天的平均值）

2.2 研究方法

2.2.1 试验材料

以近年来培育出的新型高产苹果品种柱状苹果 2 年生幼树为试验材料，幼树于 2012 年 3 月 10 日移栽，移栽后保持充分灌水进行缓苗。2012 年度，5 月 3 日进行施肥和水分处理；2013 年度，4 月 18 日进行施肥和水分处理。

2.2.2 试验设计

采用可移动式防雨棚（只雨天遮盖）和蒸渗桶为种植环境，即将不锈钢铁桶埋于防雨棚田间地下，有效的控水控肥,温湿度等环境条件与田间一致，能准确地反映田间试验结果。设水分和施肥 2 个因素，其中水分处理设 4 个水平（充分供水、轻度亏缺、中度亏缺、重度亏缺），其上、下限分别为田间持水量的 75%～85%（W_1）、65%～75%（W_2）、55%～65%（W_3）、45%～55%（W_4），称重法控制其土壤水分。施肥处理设 3 个水平（高肥、中肥、低肥），N、P_2O_5、K_2O 分别为 0.6、0.6、0.2 g·kg^{-1} 风干土（F_1），0.4、0.4、0.2 g·kg^{-1} 风干土（F_2），0.2、0.2、0.2 g·kg^{-1} 风干土（F_3），以桶内 20 cm 风干土量（50 kg）为标准，即施肥 N、P_2O_5、K_2O 分别为 30、30、10 g·株$^{-1}$（F_1），20、20、10 g·株$^{-1}$（F_2），10、10、10 g·株$^{-1}$（F_3），计划施肥深度为 30～40 cm。所用氮磷钾肥分别为尿素、磷酸氢二铵和氯化钾。试验进行完全组合设计，共 12 次处理，设 5 次重复。

试验大田竖直铺设直径 60 cm、高 100 cm、厚 5 cm 水泥管，采用直径 50 cm、高 100 cm 蒸渗桶埋于水泥管内，桶面与地表相平。为防止滞水，每个蒸渗桶底部装河沙 10 kg，装风干土 230 kg，装土容重 1.3 g·cm^{-3}。试验地上方安装有可移动式电动葫芦门式 500 kg 起重机可升降蒸渗桶，起重机挂钩上安装电子吊秤（测量范围 4～500 kg，精度 25 g）测其质量并以此来计算各水肥处理下苹果幼树的灌水量。

2.2.3　测定项目与方法

1. 土壤水分的测定

在每棵苹果树距树干 15 cm 处打入 1 个土壤水分测试管，采用 TRIME-FM3 TDR 高精度土壤水分测试仪测定 0～1 m 土壤含水量以 10 cm 分层测定，利用取土烘干法对其实测数据进行校正。

土壤水分运移测定采用取土烘干法，以苹果幼树为中心，垂直距离 0～90 cm 分层测定，每隔 10 cm 取土样一次，水平距离 0～25 cm，每隔 5 cm 取土样一次。

蒸渗桶上方安装有起重机和电子吊秤，可测定桶栽苹果树的总质量，计算其土壤平均质量含水率。

2. 气象数据的测定

试验站设有标准的自动气象站监测温度、湿度、辐射等气象数据。

3. 生长量的测定

基茎生长量：在苹果幼树基砧处做一测量标记，用数显游标卡尺采用十字交叉的方式测定直径，每个生育期测定一次，两次的差值即为苹果幼树该段时间的基茎生长量（mm）。

植株生长量：以蒸渗桶上沿为基准至幼树最高点，用卷尺测量其垂直高度，每个生育期测定一次，两次的差值即为苹果幼树该段时间的植株生长量（cm）。

4. 叶面积和叶片光合势的测定和计算

采用手持叶面积仪（LI-3000C，LI-COR，USA），它是一种使用方便、可以在野外工作的便携式叶面积仪。可以精确、快速、无损伤地测量叶片的叶面积及相关参数，也可对采摘的植物叶片及其他片状物体进行面积测量。每棵样树选取冠层上中下 10 片叶测其叶面积，取平均值作为该样树单片叶面积，单片叶面积与整棵样树的叶片总数的乘积，即为该棵样树的叶面积

（m^2·株$^{-1}$），每个生育期测定一次。

叶片光合势（m^2·d·株$^{-1}$）的计算式为：

$$LAD=(第 1 次测定叶面积+第 2 次测定叶面积)/2×间隔天数 \quad (2\text{-}1)$$

5. 冠层温度和冠层温度—气温差的测定和计算

用红外测温仪测定冠层温度（T_c），具体方法是每天 14:00 左右从苹果幼树冠层上方约 30 cm 高处，以 45°俯角往返从东、南、西、北 4 个方位各测定 1 个数值，取平均值作为苹果树的冠层温度，并选取典型天气（晴天和阴天）从 08:00～18:00 每隔 2 h 测定 1 次冠层温度和大气温度（T_a），并计算出冠层温度–气温差（T_c-T_a）。

6. 叶片水分生理指标的测定和计算

叶片水分生理指标采用饱和称量法进行测定。2012 年 7 月 25 日（果实膨大期）选取各处理苹果幼树上部相同位置的成熟叶片，取下后迅速装入保鲜袋带回实验室测其鲜质量（F_w），然后放入装有 1 000 mL 蒸馏水的烧杯内浸泡，至其质量不再增加，得到其饱和鲜质量（S_w），之后放入 105 ℃干燥箱内杀青 0.5 h，然后将温度调至 75 ℃干燥至恒质量，即干质量（D_w）。叶片相对含水率（LRWC）和叶片饱和含水率（LSWC）计算式为：

$$LRWC=\frac{F_w-D_w}{S_w-D_w} \quad (2\text{-}2)$$

$$LSWC=\frac{S_w-D_w}{D_w} \quad (2\text{-}3)$$

7. 叶绿素含量的测定

叶绿素仪主要利用 650 nm 和 940 nm 中心波段叶片透射率进行叶片叶绿素含量的测定，其读数 SPAD 值可以较好地表征叶片绿度。研究表明，在不破坏作物的前提下使用叶绿素仪方便、快速测定苹果叶片的叶绿素含量是完全可行的，其测定值 SPAD 值可代替叶绿素含量。本研究采用便携式叶绿素仪 SPAD-502 测定值叶绿素含量，测定时每棵样树随机选取 20 片叶取平均值，测量距离叶片基部 2/3 处的 SPAD 值，全生育期每 14 或 15 天测定一次。

8. 脯氨酸和丙二醛的测定

脯氨酸（PRO）含量采用酸性茚三酮显色比色测定法；丙二醛（MDA）含量测定采用硫代巴比妥酸反应比色测定法。于 2012 年 8 月 1 日采集样本，8 月 1 日至 7 日测定。

9. 光合特性的测定和叶片水分利用效率的计算

选取 2012 和 2013 年苹果幼树不同生育期的晴天，采用 LI-6400 便携式光合作用测定系统测定不同水肥处理苹果树中上部（1.3～1.8 m）不同方位的相对同一位置健康叶片 3～5 个，做好标记活体测定，各生育期测定相同叶片，测定时间为 8:00～18:00，每 2 h 测定一次，每次测定重复 3 次。观测因子包括：光合速率（P_n，μmol·m^{-2}·s^{-1}）、蒸腾速率（T_r，mmol·m^{-2}·s^{-1}）、气孔导度（G_s，mmol·m^{-2}·s^{-1}）、光合有效辐射（PAR，μmol·m^{-2}·s^{-1}）、大气 CO_2 浓度（C_a，μmol·mol^{-1}）、空气相对湿度（RH，%）、气温（T_a，℃）等。

叶片水分利用效率（LWUE，μmol·mmol^{-1}）计算式为：

$$LWUE = \frac{P_n}{T_r} \tag{2-4}$$

10. 干物质质量的测定、耗水量和作物水分生产率的计算

将所取柱状苹果样树基础部与地下部分离，去掉表面的尘土放入干燥箱在 105 ℃下杀青 0.5 h，75 ℃干燥至恒质量，之后放入干燥器中冷却，用电子天平测定质量，即为干物质质量。

作物耗水量计算式为：

$$ET = P_r + U + I - D - R - \Delta W \tag{2-5}$$

式中：ET—作物耗水量；P_r 降水量；U 地下水补给量；I 灌水量；R 径流量；D 深层渗漏量；ΔW 试验初期和末期土壤水分变化量。由于采用防雨棚和蒸渗桶为种植环境，故 P_r、U、R 和 D 均忽略不计，上式简化为：

$$ET = I - \Delta W \tag{2-6}$$

作物水分生产率（crop water productivity，CWP，kg·m^{-3}）表示作物

消耗单位水量所能获得的产量，反映了作物产出量与其耗水量（ET）间的关系，CWP 中的作物产量可定义为总干物质产量（D_M），其计算式为：

$$CWP = \frac{D_M}{ET} \tag{2-7}$$

耗水强度（mm·d^{-1}），其计算式为：

$$耗水强度 = 阶段耗水总量/阶段内总天数 \tag{2-8}$$

11. 产量、品质的测定和灌溉水利用效率计算

苹果成熟期在果园连续多天不间断地采摘不同处理的苹果测其产量。

采摘后用称重法测定每个处理选取的 20 个苹果的平均单果质量，用意大利 FT327 硬度计测定果实硬度。

果形指数：每个处理随机选择 20 个苹果，用游标卡尺测量果实的纵径和横径，计算果形指数（果实纵径与横径的比值）。

着色指数：采用 5 级分类加权平均表示，分为 5 级：着色面积 <20% 为 1 级；着色 20%～40% 为 2 级；着色 40%～60% 为 3 级；着色 60%～80% 为级；着色 >80% 为 5 级。

采用钼蓝比色法测定果实维生素 C 含量；用 RHBO-90 型号手持折射仪测定可溶性固形物；可溶性糖采用蒽酮比色法测定；酸碱滴定法测定果实酸度。

灌溉水利用效率（IWUE，kg·m^{-3}）计算公式为：

$$IWUE = \frac{Y}{ET} \tag{2-9}$$

式中：Y 为产量，ET 为耗水量。

12. 土壤养分的测定和肥料偏生产力的计算

在生育末期距离苹果树树干 15 cm 处取土，10～90 cm 每 10 cm 取土样一次，取出的土壤装入自封袋，阴干、磨细、过 5 mm 筛后测定其硝态氮和有效磷的含量。

土壤硝态氮的测定：采用 2 mol·L^{-1}KCl（土液比 1:5）浸提，用紫外可见分光光度计测定。

土壤有效磷的测定：采用 0.5 mol·L^{-1} NaHCO$_3$ 浸提—钼锑抗比色法。

肥料偏生产力（partial factor productivity，PFP，kg·kg^{-1}）计算公式为：

$$PFP = \frac{Y}{F_T} \qquad (2\text{-}10)$$

式中：F_T 为投入的 N、P$_2$O$_5$ 和 K$_2$O 总量。

2.3 数据处理

应用 SPSS Statistics 18.0 统计软件和 Excel 2003 对数据进行处理及相关性分析，对不同处理间各指标进行方差分析，若差异显著，再用 Duncan 多重比较进行分析。用 Excel 2003、SigmaPlot 12.0 和 OriginPro 9.0 作图。

第3章 水肥耦合对苹果幼树生长的效应研究

　　水分和肥料对作物的生长发育的影响是相互地联系的,它们之间存在着一定的耦合效应,在不同的水肥条件下同种作物的生长状况又大不相同。有机栽培条件下水分对番茄株高的影响比较明显,而施肥不明显,水分和施肥对茎粗的增长都不明显;施肥能提高番茄株高,并在生育早期能够提高茎粗,其他生育期对茎粗没有明显的影响,合理的施肥有利于叶面积的增长,过多或者过少施肥不利于其叶面积的增长;水分胁迫抑制了番茄生长,不利于其株高和茎粗的增长,可见在不同水肥和生长环境条件下水分和肥料对番茄生长指标的影响并不一致。

　　在同样的水分条件下,苹果和桃幼树对水分的响应比较敏感,表现为充分供水条件下生长较快,茎粗和株高随着灌水的增加而显著增加;梨幼树株高受水分的影响不明显,但茎粗随土壤灌水量的增加也显著增加,可见不同水果幼树的生长对水分响应并不完全一致。因此为探明水肥耦合对苹果幼树生长的效应和最佳水肥组合,研究了不同水肥处理对苹果幼树生长指标(茎粗、株高、叶面积、叶光合势)的影响,以期为干旱或半干旱地区苹果幼树的生长研究和水肥高效利用机制提供理论基础。

3.1 水肥耦合对苹果幼树植株生长的效应

表 3-1 和表 3-2 分别是 2012 和 2013 年不同水肥处理对苹果幼树各时期植株生长量的影响。2012 年和 2013 年灌水对苹果各生育期和全生育期植株生长量的影响都达到了极显著的水平（$P<0.01$），这说明水肥耦合条件下苹果幼树植株生长量对水分的响应十分敏感；2012 年施肥对苹果生育初期、前期和后期植株生长量影响显著（$P<0.05$），对全生育期植株生长总量影响极显著（$P<0.01$），水肥交互仅对苹果生育中期和后期植株生长量影响显著（$P<0.05$），对全生育期植株生长总量影响极显著（$P<0.01$）；2013 年施肥对苹果生育初期、中期和后期植株生长量影响显著（$P<0.05$），对生育前期和全生育期植株生长量影响极显著（$P<0.01$），水肥交互仅对苹果生育中期植株生长量影响显著（$P<0.05$）。

表 3-1 2012 年不同水肥处理对苹果幼树植株生长量的影响

施肥处理	水分处理	2012 年各时期植株生长量/cm				
		05-03—06-02	06-02—07-02	07-02—08-01	08-01—08-31	合计
F_1	W_1	18.9±1.8a	6.1±0.4a	3.1±0.1ab	5.8±0.5ab	33.7±1.7a
	W_2	17.1±0.6ab	5.8±0.6ab	2.9±0.2abc	6.8±0.7a	32.5±0.8a
	W_3	14.2±0.5cd	5.0±0.4bc	2.3±0.3cd	5.0±0.5b	26.4±0.6b
	W_4	11.2±0.4ef	2.8±0.7e	1.6±0.2fg	3.4±0.6cd	18.9±1.1d
F_2	W_1	17.8±0.6ab	5.5±0.4ab	3.2±0.5a	6.5±0.4a	32.9±2.0a
	W_2	16.0±1.1bc	5.8±0.4ab	3.1±0.2ab	6.9±0.8a	31.7±0.3a
	W_3	11.6±0.6ef	4.3±0.2cd	2.2±0.3de	4.8±0.4b	22.8±1.6c
	W_4	8.1±1.2gh	3.2±0.4e	1.3±0.3g	2.9±0.4de	15.4±1.6e
F_3	W_1	14.4±1.7cd	4.5±0.6cd	2.5±0.4bcd	4.6±0.5bc	25.9±2.3b
	W_2	12.1±0.8de	3.6±0.6de	2.1±0.1def	4.6±0.6bc	22.3±1.0c
	W_3	9.5±1.9fg	2.8±0.4e	1.7±0.2efg	2.9±0.5de	16.7±1.3de
	W_4	6.8±0.6h	1.8±0.1f	1.3±0.1g	1.9±0.1e	11.6±0.7f

续表

施肥处理	水分处理	2012 年各时期植株生长量/cm				
		05-03—06-02	06-02—07-02	07-02—08-01	08-01—08-31	合计
显著性检验（F 值）						
水分		83.671**	56.987**	206.010**	488.059**	352.152**
施肥		19.624*	66.910*	46.070*	6.737	1 998.005**
水分×施肥		1.964	2.346	4.470*	7.112*	18.210**

表 3-2 2013 年不同水肥处理对苹果幼树植株生长量的影响

施肥处理	水分处理	2013 年各时期植株生长量/cm				
		04-18—05-21	05-21—06-23	06-23—07-26	07-26—08-28	合计
F_1	W_1	18.8±1.0ab	6.9±0.5a	4.0±0.6a	7.5±1.1abc	37.1±1.1a
	W_2	21.1±2.1a	5.9±1.3bc	3.0±0.3c	8.6±1.6a	38.6±3.2a
	W_3	15.1±0.8cd	4.3±0.4de	2.4±0.1d	6.0±0.4cd	27.8±1.8b
	W_4	13.2±0.5de	2.9±0.3f	1.7±0.2e	3.9±0.2efg	21.6±1.0c
F_2	W_1	17.2±1.6bc	6.5±1.2ab	3.5±0.2b	6.6±0.6bcd	33.8±1.8a
	W_2	20.0±2.9ab	5.8±0.4bc	3.1±0.3bc	8.3±0.7ab	37.1±4.0a
	W_3	14.4±1.0cde	4.7±0.6de	2.4±0.2d	5.5±0.7de	27.0±2.1b
	W_4	12.7±0.6de	3.1±0.4f	1.6±0.3e	3.6±0.8fg	20.9±1.4c
F_3	W_1	14.4±0.6cde	5.1±0.5cd	2.8±0.2cd	5.7±0.4cde	27.9±0.4b
	W_2	15.5±0.4cd	4.0±0.4e	2.4±0.1d	5.3±1.8def	27.1±2.5b
	W_3	12.0±1.2ef	2.9±0.2f	1.5±0.1e	3.6±0.7fg	19.9±1.7c
	W_4	9.3±1.1f	1.3±0.3g	1.1±0.2f	2.6±0.8g	14.2±2.4d
显著性检验（F 值）						
水分		31.616**	209.327**	102.156**	62.619**	98.035**
施肥		55.389*	274.045**	73.000*	85.547*	251.449**
水分×施肥		1.025	0.696	4.304*	2.369	3.508

注：*表示差异显著（$P<0.05$），**表示差异极显著（$P<0.01$）；同列数字后不同字母 a、b、c 等表示 $P=5\%$ 水平下差异显著，下同。

如表 3-1 所示，2012 年施肥一定的条件下，苹果幼树生育初期、前期和中期植株生长量总体表现为 $W_1>W_2>W_3>W_4$，生育后期则表现为 $W_2>W_1>$

$W_3 > W_4$，这说明苹果幼树在生育后期水肥耦合处理下，轻度亏水灌溉 W_2 最有利于植株的生长；灌水一定的条件下，各生育期植株生长量均表现为 $F_1 > F_2 > F_3$。全生育期植株生长总量最大值表现为 $F_1W_1 \approx F_1W_2 \approx F_2W_1 \approx F_2W_2$，最小值出现在低水低肥的 F_3W_4 处理，F_2W_2 比 F_3W_4 增加了173.3%。

2013 年施肥一定的条件下，苹果幼树生育前期和中期植株生长量总体表现为 $W_1 > W_2 > W_3 > W_4$，生育初期和后期则表现为 $W_2 > W_1 > W_3 > W_4$，这说明第二年持续水肥处理下，苹果幼树对水分的需求表现与 2012 年有所差异，表现为轻度亏水灌溉对生育初期和后期影响较大，这说明苹果幼树生育初期和后期是需水的关键时期，此时期适当亏水灌溉有利于其植株的生长。灌水一定的条件下，各生育期植株生长量与 2012 年基本一致均表现为 $F_1 > F_2 > F_3$，这说明苹果幼树植株生长量随着施肥量的增加呈现出明显的上升趋势。全生育期植株生长总量最大值与 2012 年相一致，也表现为 $F_1W_1 \approx F_1W_2 \approx F_2W_1 \approx F_2W_2$，这说明与 F_2W_2 水肥组合处理对比 F_1W_1 处理对苹果幼树植株生长没有任何影响，可以起到节水节肥的目的，最小值同样出现在低水低肥的 F_3W_4 处理，F_2W_2 比 F_3W_4 增加了161.3%。

两年苹果幼树的植株生长量和不同水肥处理下植株生长量的差异都表现为生育初期>生育前期≈生育后期>生育中期，这说明苹果幼树植株生长在萌芽开花期至新梢生长期间对水肥的需求最为敏感，此时期控水控肥可有效的调控苹果幼树植株的生长。

3.2　水肥耦合对苹果幼树基茎生长的效应

表 3-3 和表 3-4 分别是 2012 年和 2013 年不同水肥处理对苹果幼树各时期基茎生长量的影响。2012 年灌水对苹果生育初期（萌芽开花期—新梢生长期）、前期（新梢生长期—坐果期）、后期（果实膨大期—成熟期）和全生育期基茎生长量的影响都达到极显著水平（$P < 0.01$），对生育中期（坐

果期—果实膨大期）基茎生长量的影响达到显著水平（$P<0.05$）；施肥仅对苹果生育后期基茎生长量影响极显著（$P<0.01$），对生育初期、前期和全生育期基茎生长量影响显著（$P<0.05$）；水肥交互仅对苹果生育后期和全生育期基茎生长量影响极显著（$P<0.01$），对生育中期基茎生长量影响显著（$P<0.05$）。2013 年灌水对苹果生育后期和全生育期基茎生长量的影响达到极显著水平（$P<0.01$），对生育初期、前期和中期基茎生长量的影响达到显著水平（$P<0.05$）；施肥仅对苹果生育初期和后期基茎生长量影响显著（$P<0.05$）；水肥交互仅对苹果生育后期基茎生长量影响显著（$P<0.05$）。

表 3-3　2012 不同水肥处理对苹果幼树基茎生长量的影响

施肥处理	水分处理	2012 年各时期基茎生长量/mm				
		05-03—06-02	06-02—07-02	07-02—08-01	08-01—08-31	合计
F_1	W_1	3.02±0.05a	1.34±0.03a	1.09±0.14a	1.90±0.06b	7.34±0.28a
	W_2	2.62±0.18b	1.34±0.18a	1.06±0.23a	2.03±0.08ab	7.04±0.51a
	W_3	1.81±0.08ef	0.83±0.19bcde	0.71±0.06bcd	1.30±0.04de	4.64±0.15c
	W_4	1.24±0.06gh	0.78±0.04cde	0.48±0.06d	0.89±0.09fg	3.37±0.07e
F_2	W_1	2.71±0.29ab	1.33±0.20a	0.94±0.11ab	1.95±0.10b	6.93±0.60a
	W_2	2.41±0.06bc	1.09±0.17ab	1.04±0.16a	2.13±0.03a	6.67±0.42a
	W_3	1.58±0.11ef	0.92±0.02bc	0.71±0.08bcd	1.41±0.11cd	4.61±0.17c
	W_4	1.15±0.18h	0.69±0.11de	0.72±0.24bcd	0.91±0.03f	3.47±0.15de
F_3	W_1	2.19±0.11cd	1.05±0.01bc	0.87±0.06ab	1.53±0.15c	5.63±0.02b
	W_2	1.90±0.17de	0.83±0.19bcde	0.85±0.10ab	1.25±0.04e	4.82±0.42c
	W_3	1.56±0.18fg	0.73±0.12de	0.84±0.06abc	1.02±0.11f	4.14±0.10cd
	W_4	0.93±0.11h	0.57±0.04e	0.53±0.03cd	0.76±0.01g	2.79±0.12e
显著性检验（F 值）						
水分		80.454**	32.539**	23.707*	1 089.826**	137.972**
施肥		53.416*	72.161*	1.764	212.846**	54.704*
水分×施肥		2.966	2.665	4.554*	11.122**	25.191**

表3-4　2013不同水肥处理对苹果幼树基茎生长量的影响

施肥处理	水分处理	2013年各时期基茎生长量/mm				
		04-18—05-21	05-21—06-23	06-23—07-26	07-26—08-28	合计
F₁	W₁	2.71±0.03a	1.37±0.02a	1.26±0.46a	1.99±0.48abc	7.32±0.43a
	W₂	2.46±0.04abc	1.25±0.18a	1.22±0.30a	2.08±0.12ab	7.00±0.39ab
	W₃	1.77±0.31cde	1.29±0.08a	0.52±0.08abcd	1.64±0.53bc	5.22±1.51bcde
	W₄	1.37±0.08ef	0.31±0.25b	0.42±0.13cd	1.28±0.06c	3.38±0.26def
F₂	W₁	2.25±0.15abcd	1.30±0.40a	1.16±0.11ab	2.11±0.23ab	6.81±0.67ab
	W₂	2.54±0.40ab	1.29±0.23a	1.25±0.10a	2.47±0.04a	7.54±0.70a
	W₃	1.84±0.07bcde	1.11±0.01b	0.90±0.03abcd	1.57±0.21bc	5.41±0.17abcd
	W₄	1.30±0.58ef	0.44±0.01a	0.26±0.07d	1.24±0.33c	3.24±0.84ef
F₃	W₁	1.99±0.04bcde	1.38±0.37a	1.08±0.08abc	1.94±0.19abc	6.38±0.61ab
	W₂	1.84±0.07bcde	1.10±0.04a	1.03±0.49abc	1.58±0.33bc	5.54±0.94abc
	W₃	1.62±0.10de	0.48±0.11b	0.45±0.15bcd	1.43±0.21bc	3.97±0.05cdef
	W₄	0.86±0.14f	0.41±0.56b	0.30±0.06d	0.47±0.14d	2.03±0.29f
显著性检验（F值）						
水分		17.318*	17.300*	18.297*	66.833**	72.229**
施肥		16.919*	3.190	0.857	25.178*	13.378
水分×施肥		1.048	1.930	0.286	3.402*	0.355

　　如表 3-3 和表 3-4 所示，2012 年全生育期施肥一定的条件下，苹果幼树基茎生长量总体表现为 $W_1 > W_2 > W_3 > W_4$；灌水一定的条件下，苹果幼树基茎生长量总体表现为 $F_1 > F_2 > F_3$，这说明苹果幼树基茎生长量在水肥调控第一年随着灌水量和施肥量的增加呈现出明显的上升趋势。全生育期基茎生长总量最大值出现在高水高肥的 F_1W_1 处理，最小值出现在低水低肥的 F_3W_4 处理，F_1W_1 比 F_3W_4 增加了 163.1%。2013 年水肥调控第二年苹果幼树基茎生长量趋势基本与 2012 年相同，但全生育期基茎生长总量最大值出现在

F_2W_2 处理，最小值仍然出现在 F_3W_4 处理，F_2W_2 比 F_3W_4 增加了 271.4%，这说明试验第二年持续控水控肥条件下，轻度亏水和中度施肥组合处理最有利于苹果幼树基茎的生长。两年苹果幼树基茎生长量和不同水肥处理下基茎生长量的差异都表现为生育初期和后期最大（生育初期＞生育后期＞生育前期＞生育中期），这说明萌芽开花期至新梢生长期和果实膨大期至成熟期这两个阶段是苹果幼树需水需肥的关键时期，此时期控水控肥可有效的调控苹果幼树基茎的生长。

3.3　水肥耦合对苹果幼树叶面积的效应

图 3-1（a）和（b）分别是 2012 年和 2013 年不同水肥处理对苹果幼树叶面积的影响。两年中除了水肥处理后第一次测定的叶面积（萌芽开花期），灌水对苹果幼树其他生育期叶面积的影响都达到极显著水平（$P<0.01$），两年中施肥和水肥交互作用对苹果幼树叶面积的影响不显著。

图 3-1 可以看出两年间各水分处理差异很大，2012 水肥处理第一年苹果幼树叶面积总体变现为 $W_1>W_2>W_3>W_4$，生育后期最大和最小叶面积分别为 1.05 $m^2 \cdot$ 株$^{-1}$ 和 0.67 $m^2 \cdot$ 株$^{-1}$，分别出现在 F_1W_1 和 F_3W_4 处理，F_1W_1 比 F_3W_4 增加了 56.7%。2013 水肥处理第二年高肥 F_1 和中肥 F_2 条件下叶面积总体表现为 $W_2>W_1>W_3>W_4$，这说明水肥调控第二年施中肥和高肥条件下，轻度亏水灌溉 W_2 最有利于苹果叶片的生长，W_2 灌溉处理起到了促进叶片生长而且节水的作用；低肥 F_3 条件下，叶面积总体仍表现为 $W_1>W_2>W_3>W_4$；生育后期最大和最小叶面积分别为 1.34 $m^2 \cdot$ 株$^{-1}$ 和 0.88 $m^2 \cdot$ 株$^{-1}$，分别出现在 F_2W_2 和 F_3W_4 处理，F_2W_2 比 F_3W_4 增加了 52.3%，这说明 F_2W_2 处理既增加了苹果幼树叶面积又是在施肥和水分处理上的最佳水肥组合，起到了节水、节肥的效果。

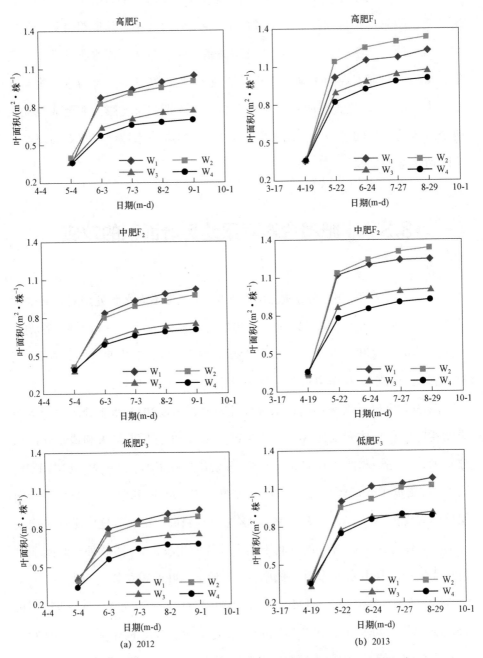

图 3-1　2012 年和 2013 年不同水肥处理对苹果幼树叶面积的影响

3.4　水肥耦合对苹果幼树叶片光合势的效应

　　表 3-5 和表 3-6 分别是 2012 年和 2013 年不同水肥耦合处理对苹果幼树各时期叶片光合势的影响。两年灌水对苹果苹果幼树各时期叶片光合势的影响都达到极显著水平（$P<0.01$），这说明水肥耦合条件下苹果幼树叶片光合势与土壤含水率密切相关；施肥仅对 2012 年苹果幼树生育中期和后期叶片光合势影响显著（$P<0.05$）；水肥交互作用对苹果幼树叶片光合势的影响不显著。

　　如表 3-5 所示，2012 年灌水一定的条件下，苹果幼树生育初期叶片光合势表现为 $F_2>F_1>F_3$，施肥一定的条件下则变现为 $W_1>W_2>W_3>W_4$，

表 3-5　2012 年不同水肥处理对苹果幼树叶片光合势的影响

施肥处理	水分处理	2012 年各时期光合势的变化/（$m^2 \cdot d \cdot 株^{-1}$）			
		05-04—06-03	06-03—07-03	07-03—08-02	08-02—09-01
F_1	W_1	18.17±0.21abc	27.11±0.55a	29.08±0.50a	30.60±0.66a
	W_2	18.51±0.60ab	26.08±0.62a	28.06±0.55ab	29.48±0.51ab
	W_3	15.15±1.45cde	20.30±1.84c	21.96±1.76c	23.00±1.77c
	W_4	13.99±2.45e	18.47±3.00c	20.11±2.59c	20.70±2.66c
F_2	W_1	18.88±0.58a	26.74±0.52a	28.88±0.25a	30.20±0.40a
	W_2	18.43±1.49ab	25.54±0.96a	27.43±0.81ab	28.83±0.81ab
	W_3	15.36±1.13bcde	19.95±1.68c	21.57±1.29c	22.46±1.22c
	W_4	14.77±1.11de	18.84±1.44c	20.38±1.10c	21.00±1.14c
F_3	W_1	17.70±1.05abcd	24.84±1.36a	26.59±1.43ab	27.85±1.31ab
	W_2	17.33±1.75abcd	23.87±2.04ab	25.42±1.93b	26.38±1.96b
	W_3	15.99±1.24abcde	20.60±0.76bc	22.07±0.75c	22.73±0.76c
	W_4	13.41±1.06e	17.81±1.22c	19.49±1.51c	20.04±1.61c
显著性检验（F 值）					
水分		30.490**	122.968**	143.904**	155.642**
施肥		3.690	11.239	18.491*	23.442*
水分×施肥		0.582	0.865	1.191	1.345

最大和最小值分别出现在 F_2W_1 和 F_3W_4 处理，F_2W_1 比 F_3W_4 增加了 40.8%，这说明适度的施肥是有利用光合势的增加，高肥高水组合处理在苹果幼树生育初期并不能达到最大的光合势；其他时期（生育前期、中期和后期）一定条件下，叶片光合势则表现为 $F_1 \approx F_2 > F_3$ 和 $W_1 > W_2 > W_3 > W_4$，但最大值都出现在 F_1W_1 和 F_2W_1，表现为 $F_1W_1 \approx F_2W_1$，这说明水肥调控第一年，施中肥和施高肥在充分供水条件下都可使苹果幼树叶片光合势达到最大值。

如表 3-6 所示，2013 年各时期叶片光合势前四的组合处理分别为：$F_1W_2 > F_2W_1 \approx F_2W_2 > F_1W_1$（生育初期）；$F_1W_2 \approx F_2W_1 \approx F_2W_2 > F_1W_1$（生育前期和中期）；$F_1W_2 \approx F_2W_2 > F_2W_1 \approx F_1W_1$（生育初期），由此可见，在水肥调控第二年，高水高肥的 F_1W_1 处理并不能使苹果幼树叶片光合势达到最大值，最大值一般出现在 F_1W_2 和 F_2W_2 处理，这说明轻度的亏缺灌溉和施中肥组合处理最有利于苹果幼树达到最大的光合势，F_2W_2 处理起到了不但不降低且增加光合势的节水、节肥目的。

表 3-6   2013 年不同水肥处理对苹果幼树叶片光合势的影响

施肥处理	水分处理	2013 年各时期光合势的变化/（$m^2 \cdot d \cdot$ 株$^{-1}$）			
		04-19—05-22	05-22—06-24	06-24—07-27	07-27—08-29
F_1	W_1	22.55±0.59abc	35.86±1.45ab	38.54±0.95ab	39.70±0.69ab
	W_2	24.81±1.78a	39.71±3.30a	42.28±4.01a	43.57±3.76a
	W_3	20.59±0.89cde	31.04±2.21bcde	33.43±1.71bcd	34.93±1.64cde
	W_4	19.58±1.45cde	29.06±1.89de	31.78±1.93cd	32.97±2.12def
F_2	W_1	23.87±1.02ab	38.22±0.76a	40.41±1.50a	41.19±1.20ab
	W_2	23.97±0.90ab	39.40±0.80a	42.07±1.54a	43.65±1.23a
	W_3	19.94±1.30cde	30.13±1.63cde	32.14±2.45cd	33.16±2.37def
	W_4	18.71±1.17de	27.08±1.05e	29.19±0.31d	30.40±1.34ef
F_3	W_1	22.43±0.45abc	34.94±0.69abc	37.29±1.25ab	38.33±1.22bc
	W_2	21.53±2.28bcd	32.31±3.40bcd	34.86±3.31bc	36.64±2.41bcd
	W_3	18.31±2.14de	27.20±3.97de	29.08±3.67d	29.72±2.89f
	W_4	18.18±1.22e	26.58±1.20e	28.99±0.96d	29.41±1.46f

施肥处理	水分处理	2013 年各时期光合势的变化/（m²·d·株⁻¹）			
		04-19—05-22	05-22—06-24	06-24—07-27	07-27—08-29
显著性检验（F 值）					
水分		69.807**	159.188**	231.667**	90.224**
施肥		1.583	3.783	3.871	5.861
水分×施肥		0.665	1.293	1.166	1.357

第4章　水肥耦合对苹果幼树
生理特性的效应研究

　　植物冠层温度与植物冠层吸收和释放能量的过程有关，是由土壤—植物—大气连续体的热量和水汽流决定的，植物冠层吸收太阳辐射后并转化成热能，会使冠层温度升高；而蒸腾作用又会将液态水转化为气态水，这种耗热过程会使叶片冷却；当植物水分供应减少时，蒸腾强度降低，蒸腾消耗热量减少，感/显热通量增加，从而引起冠层温度升高。因此，缺水时植物的冠层温度值要明显大于水分供应充足时植物的冠层温度，基于这一理论，可以将植物冠层温度作为水分亏缺诊断的指标，用以研究和监测旱情的发生发展。

　　植物组织相对含水率和饱和含水率是反映植物水分状况，研究植物水分关系的重要指标。相对含水量反映了树木叶片的保水能力，与水势相比，叶片相对含水量是更好的水分状况指标，在干旱胁迫下抗旱性强树种叶片含水量下降速度往往比抗旱性弱树种的叶片要迟缓，以维持植物体生理生化的正常运转。

　　干旱胁迫可以加速叶绿素分解和提高叶绿素酶的活性，抑制了叶绿素的生物合成，导致叶绿素含量明显下降。叶片丙二醛含量随施氮量的增加而逐渐降低，说明适当提高施氮水平可以缓解膜脂过氧化作用，增强抗逆性；增加灌水抑制了叶绿素和脯氨酸累积,施氮对叶绿素和脯氨酸的促进作用受灌水水平的影响不明显。有研究指出生菜中的丙二醛和脯氨酸含量均随着灌水量下限的降低而逐渐增加;在适宜条件下增施肥料有利于提高南瓜叶绿素含量;氮素对黄瓜的株高、叶绿素含量和产量都有显著影响;夏玉米在相同的揭膜时期但随着施氮量的增加叶片丙二醛含量增加;在中水中肥条件下,西瓜叶片叶绿素含量在全生育期能保持较高水平;与45%～55%田间持水量处理相比,增加灌水使小粒咖啡叶绿素、丙二醛、脯氨酸和可溶性糖含量分别降低 5.8%～15.5%、14.2%～30.3%、27.6%～60.0%和 22.6%～57.5%;增加施氮使丙二醛降低 23.8%～49.8%,叶绿素、脯氨酸、可溶性糖和水分利用效率分别提高 49.0%～88.4%、50.9%～70.3%、20.7%～52.3%和 21.6%～53.9%。

因此,为探明水肥耦合对苹果幼树生理特性的效应和最佳水肥组合,研究了不同水肥处理对苹果幼树生理特性(冠层温度、冠层—气温差、叶片相对含水率、叶片饱和含水率、叶片脯氨酸含量、叶片丙二醛含量和叶绿素含量)的影响,以期为干旱或半干旱地区苹果幼树叶片的生理研究和水肥高效利用机制提供理论基础。

4.1 水肥耦合对苹果幼树冠层温度和冠层温度—气温差日际变化的效应

2013 年 6 月 24 日—6 月 30 日,对不同水肥处理下苹果幼树冠层温度和冠气温差连续监测表明:水分对苹果幼树冠层温度和冠气温差的影响基本都达到了极显著水平($P<0.01$),施肥和水肥交互作用对苹果幼树冠层温度和冠气温差的影响不显著,这说明苹果幼树冠层温度和冠气温差和土壤含水率密切相关,可以直接反映苹果树亏缺水状况。

1. 水肥耦合对苹果幼树冠层温度日际变化的效应

图 4-1 显示了水肥耦合条件下不同水分处理对苹果幼树冠层温度的和大气温度（14:00）的变化趋势。由图 4-1 可以看出，苹果幼树冠层温度是随着大气温度的变化而变化，不同水分处理下 W_4 处理下苹果冠层温度最接近于大气温度，这是由于 W_4 处理土壤处于重度亏水状态，苹果幼树蒸腾速率最弱，冠层温度相对较高，而 W_1 充分供水处理下苹果叶片蒸腾速率最大，蒸腾散发了热量，故冠层温度相对较低。不同水肥耦合条件下各水分处理苹果幼树冠层温度总体表现为 $W_1 < W_2 < W_3 < W_4$，W_1 比 W_4 总体平均降低了 7.4%，这说明苹果幼树冠层温度与其水分亏缺状况密切相关，冠层温度的高低可以反映自身水分亏缺状况。

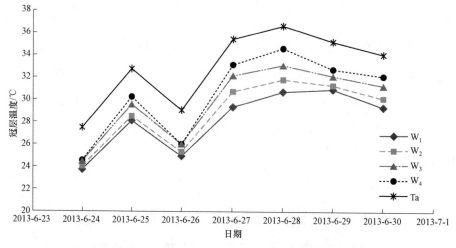

图 4-1　水肥耦合条件下各水分处理对苹果幼树冠层温度的影响

2. 水肥耦合对苹果幼树冠层温度—气温差日际变化的效应

图 4-2 为 2013 年 6 月 24 日—6 月 30 日，不同水分处理下苹果幼树冠层温度—气温差（14:00）的日际变化特征。由图 4-2 可以看出，不同水分处理下苹果幼树冠—气温差基本都表现为 $W_1 < W_2 < W_3 < W_4$，这说明水分对苹果冠—气温差有明显的影响。受天气的影响，晴天苹果幼树冠—气温差间的差异最大，阴天差异最小，表现为 6 月 27 日、28 日和 30 日三个晴天

充分供水 W_1 与重度亏缺 W_4 处理光气温差间差异都在 2.6 ℃以上，而 6 月
23 日和 26 日两个阴天差异都在 1 ℃以内，这是由于阴天蒸腾强度较弱，蒸
腾作用减缓，蒸腾消耗热量减少，水分对冠—气温差的影响减小，而晴天苹
果光合和蒸腾速率大幅度地增强，耗水量增加，水分对冠—气温差的影响十
分明显。

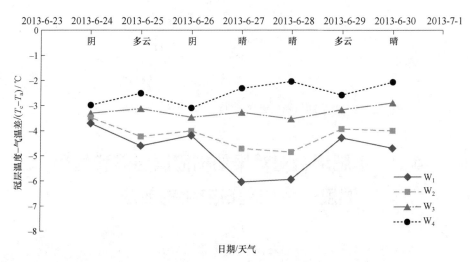

图 4-2　水肥耦合条件下各水分处理对苹果幼树冠气温差的影响

3. 水肥耦合条件下冠层温度—气温差与土壤含水率的关系

土壤水分不足可导致果树的气孔关闭，蒸腾作用减弱，从而引起果树冠
层温度升高。研究认为，作物冠层温度—气温差（$T_c - T_a$）与作物水分状况
密切相关，一般由于 12:00—14:00 蒸腾作用最强烈，（$T_c - T_a$）差异最大，
此时的冠层温度—气温差最能反映作物的水分状态，因此，可用此时段的冠
层温度—气温差反映果树的水分亏缺程度。本书研究对 2013-06-24—
2013-06-30 下午 14:00 左右水肥耦合条件下各水肥处理的苹果幼树冠层温度—
气温差与 0～100 cm 土层土壤含水量的关系进行了相关分析，如图 4-3 所示。
试验结果表明，苹果幼树冠层温度—气温差与土壤含水量具有较好的负相关
关系，其决定系数为 0.865 4。

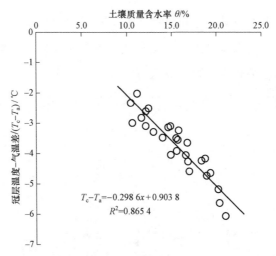

图 4-3　苹果幼树冠层温度—气温差与土壤含水量的关系

4.2　水肥耦合对苹果幼树冠层温度和冠层温度—气温差日变化的效应

1. 水肥耦合对苹果幼树冠层温度日变化的效应

图 4-4 和图 4-5 是苹果幼树冠层温度分别在典型晴天（2013-06-28）和阴天（2013-06-26）的日变化趋势。从图 4-4 中可以看出，在典型晴天，苹

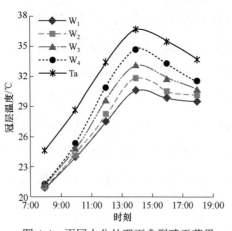

图 4-4　不同水分处理下典型晴天苹果幼树冠层温度的日变化趋势

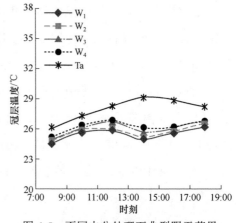

图 4-5　不同水分处理下典型阴天苹果幼树冠层温度的日变化趋势

果幼树冠层温度从 08:00 开始,先随大气温度的升高而迅速地升高,这是由于日出后太阳辐射迅速增强故大气温度和冠层温度开始升高,但 10:00 前各水分处理苹果幼树冠层温度的差异不明显(最大差值为 1.2 ℃左右);在 14:00 左右当大气温度达到峰值(全天最大值)时,各水分处理苹果幼树冠层温度基本上也达到峰值(全天最大值),此时各水分处理间冠层温度差异最大(最大差值约为 3.9 ℃);

在 14:00 以后然后随着太阳辐射的减弱和大气温度的降低,冠层温度也呈下降的趋势,但下降趋势比较缓慢,各水分处理间的差异也开始逐渐减小,日落前苹果幼树冠层温度的差异逐渐消失。在典型阴天,全天苹果幼树冠层温度的变化趋势与晴天并不一致,表现为先升高后降低再升高的趋势,全天各水分处理间冠层温度的差异很小,基本维持在一个很小的范围(0.5~1.1 ℃左右),10:00 前基本没有差异,最大差异出现在 14:00 左右,但此时苹果幼树冠层温度并不是全天最大值,与晴天不同。综上可知,晴天苹果幼树冠层温度随大气温度的变化相对明显,变幅较大;阴天随大气温度变化不太明显,变幅较小。

2. 水肥耦合对苹果幼树冠层温度—气温差日变化的效应

从图 4-6 和图 4-7 可以看出,太阳净辐射是影响冠层温度的关键因素之

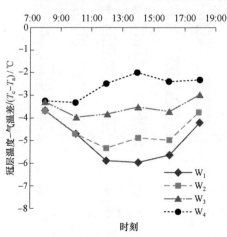

图 4-6　不同水分处理下典型晴天苹果幼树冠气温差的日变化趋势

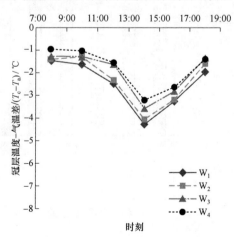

图 4-7　不同水分处理下典型阴天苹果幼树冠气温差的日变化趋势

一，晴天苹果幼树冠层温度—气温差日变化幅度也明显大于阴天，幅度差异最大值基本都出现在 14:00 左右，即一天温度最高时；晴天上午冠气温差间的差异明显低于下午，而阴天全天差异变化不大，基本维持在一个很小的水平；不同水分处理间苹果幼树冠气温差都存在着明显的差异，晴天和阴天均表现为 $W_1 < W_2 < W_3 < W_4$。

4.3 水肥耦合对苹果幼树叶片相对含水率和饱和含水率的效应

1. 水肥耦合对苹果幼树叶片相对含水率的效应

图 4-8 是不同水肥处理对苹果幼树叶片相对含水率的影响，其中灌水对苹果叶片相对含水率的影响达到显著水平（$P < 0.05$，$F = 10.404$）；施肥对苹果叶片相对含水率影响不显著（$P = 0.9$，$F = 0.111$）；水肥交互作用对苹果叶片相对含水率影响也不显著（$P = 0.272$，$F = 1.681$）。

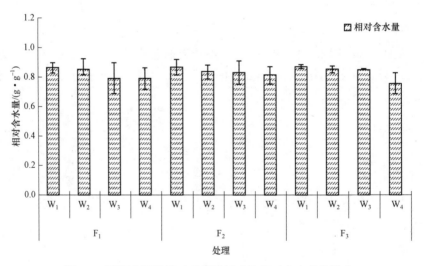

图 4-8　不同水肥处理对苹果幼树叶片相对含水率的影响

如图 4-8 所示，随着灌水量的增加和土壤含水率的升高，苹果叶片相对含水率逐渐提高，表现为施肥一定的条件下，苹果叶片的相对含水率：$W_1 >$ $W_2 > W_3 > W_4$。在 3 个施肥条件下，充分供水、轻度和中度亏缺灌溉处理（W_1、W_2、W_3）的叶片相对含水量较重度亏缺灌溉（W_4）分别增加了 9.6%、7.7%、0.3%（高肥条件下），7.2%、3%、2.3%（中肥条件下），14.9%、12.3%、11.9%（低肥条件下）。低肥条件下增加最多，这说明低肥条件下，土壤水分对苹果叶片相对含水率的影响最大。由此可以说明，水肥耦合条件下，苹果叶片相对含水率可以反映土壤水分的亏缺状况。

2. 水肥耦合对苹果幼树叶片饱和含水率的效应

图 4-9 是不同水肥处理对苹果幼树叶片饱和含水率的影响，其中灌水对饱和含水率的影响达到了极显著水平（$P < 0.01$，$F = 68.031$）；施肥和水肥交互作用对苹果叶片饱和含水率影响不显著（$P = 0.677$，$F = 0.5$；$P = 0.684$，$F = 0.665$）。

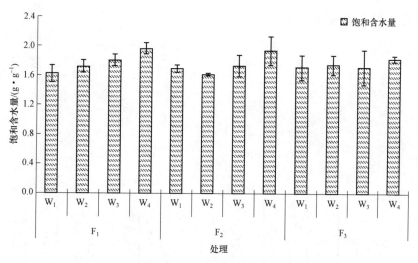

图 4-9　不同水肥处理对苹果幼树叶片饱和含水率的影响

如图 4-9 所示，随着灌水量的增加和土壤含水率的升高，苹果叶片饱和含水率逐渐降低，表现为施肥一定的条件下，苹果叶片的饱和含水率：$W_1 <$ $W_2 < W_3 < W_4$。在 3 个施肥条件下，充分供水、轻度和中度亏缺灌溉处理（W_1、

W₂、W₃）较重度亏缺灌溉（W₄）分别减小了 21.3%、14.4%、9.3%（高肥条件下），14.8%、20.6%、11.9%（中肥条件下），6.9%、4.7%、6.7%（低肥条件下）。高肥和中肥条件下减小最多，低肥条件减小最少。由此可以说明，水肥耦合条件下，苹果叶片饱和含水率与相对含水率呈相反的变化趋势，饱和含水率也可以反映土壤水分的亏缺状况。

4.4 水肥耦合对苹果幼树叶片脯氨酸和丙二醛含量的效应

1. 水肥耦合对苹果幼树叶片脯氨酸含量的效应

图 4-10 是不同水肥处理对苹果幼树叶片脯氨酸含量的影响，其中灌水对苹果叶片脯氨酸含量的影响达到极显著水平（$P<0.01$，$F=489.854$）；施肥对苹果叶片脯氨酸含量的影响达到了极显著水平（$P<0.01$，$F=48.112$）；水肥交互作用对苹果叶片脯氨酸含量影响显著（$P<0.05$，$F=3.168$）。

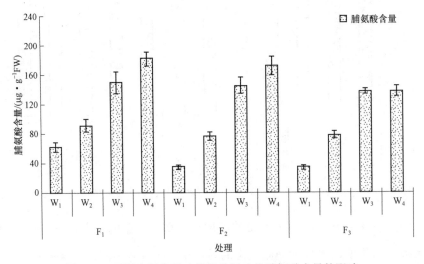

图 4-10　不同水肥处理对苹果幼树叶片脯氨酸含量的影响

如图 4-10 所示，施肥一定的条件下，随着灌水量的减少，苹果叶片脯氨酸的含量呈梯度上升趋势，总体表现为：$W_1 < W_2 < W_3 < W_4$，这说明亏水逆境条件下，苹果叶片脯氨酸含量明显增加。重度亏缺灌溉处理 W_4 比充分供水处理 W_1 脯氨酸含量增加 274.5%。灌水一定的条件下，随着施肥量的减少，苹果叶片脯氨酸的含量基本呈梯度降低的趋势，总体表现为：$F_1 > F_2 > F_3$，这说明苹果叶片脯氨酸含量与施肥量也密切相关。高肥处理 F_1 比低肥处理 F_3 脯氨酸含量增加 25.6%。水肥耦合条件下，苹果叶片脯氨酸含量最高和最低的处理分别为 F_1W_4 和 F_3W_1（F_1W_4 比 F_3W_1 增加 440.8%），水分对脯氨酸含量的影响明显高于施肥的影响，表现为在中度亏水条件下高、中、低 3 个肥处理脯氨酸含量差异不大。

2. 水肥耦合对苹果幼树叶片丙二醛含量的效应

图 4-11 是不同水肥处理对苹果幼树叶片丙二醛含量的影响，其中灌水对苹果叶片丙二醛含量的影响达到极显著水平（$P < 0.01$，$F = 397.112$）；施肥和水肥交互作用对丙二醛含量的影响不显著（$P = 0.08$，$F = 5.197$；$P = 0.647$，$F = 0.712$）。

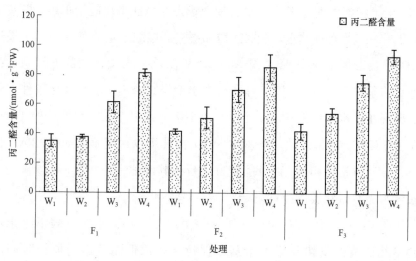

图 4-11　不同水肥处理对苹果幼树叶片丙二醛含量的影响

如图 4-11 所示，施肥一定的条件下，随着灌水量的减少，苹果叶片丙二醛的含量呈梯度上升的趋势，总体表现为：$W_1 < W_2 < W_3 < W_4$，这说明亏水逆境条件下，苹果叶片丙二醛含量明显增加。重度亏缺灌溉处理 W_4 比充分供水处理 W_1 丙二醛含量增加 119.5%。但灌水一定的条件下，施肥对苹果叶片丙二醛含量影响很小，这说明苹果叶片丙二醛的含量与施肥量关系不大。水肥耦合条件下，苹果叶片丙二醛含量最高和最低的处理分别为 F_3W_4 和 F_1W_1（F_3W_4 比 F_1W_1 增加 167%）。

4.5　水肥耦合对苹果幼树叶片叶绿素含量的效应

叶绿素（SPAD）值与叶绿素含量成正比，能够反映叶绿素含量的高低，是一个无量纲的数值。叶绿素含量是表明苹果树光合能力的主要指标，与苹果树的施肥量也密切相关。如图 4-12 所示，2012 年水肥调控第一年，不同水肥处理下苹果幼树叶片 SPAD 值随着生育期的变化均呈现出逐渐增大的变化趋势。一般萌芽开花期和新梢生长期由于叶片不断生长 SPAD 增加最为迅速，坐果和膨大期由于叶片生长趋于稳定 SPAD 增加趋于平缓，果实成熟期由于叶片基本停止生长，SPAD 增加缓慢。施肥一定的条件下，苹果幼树 SPAD 增值总体呈现为 $W_1 > W_2 > W_3 > W_4$，各水分处理间的差异明显；灌水一定的条件下，SPAD 增值总体呈现出 $F_1 > F_2 > F_3$；水肥耦合条件下最大增值出现在高水高肥的 F_1W_1 处理，最小增值都出现在低水低肥的 F_3W_4 处理，这与其光合速率变化趋势基本一致，由此可以说明苹果幼树 SPAD 值不但与光合速率密切相关，而且能较好地反映其水肥亏缺状况，可以作为诊断苹果树水肥亏缺状况的指标之一。

如图 4-13 所示，2013 年水肥调控第二年，不同水肥处理下苹果幼树叶片 SPAD 值的变化与第一年基本保持一致。但随着水肥调控时间的增加，第二年高肥 F_1 条件下不同水分处理间 SPAD 值差异很小，中肥 F_2 条件下次之。

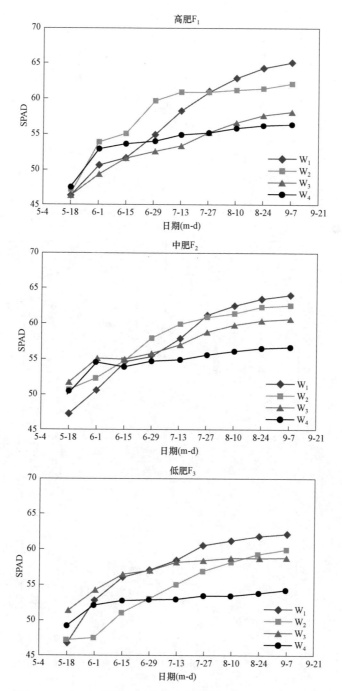

图 4-12　2012 年不同水肥处理对苹果幼树叶绿素含量的影响

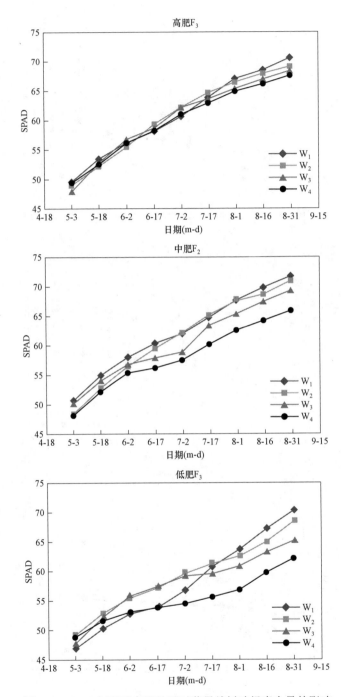

图 4-13 2013 年不同水肥处理对苹果幼树叶绿素含量的影响

低肥 F_3 条件下差异最大且基本与 2012 年一致，分析其原因可能是因为苹果幼树叶片在第二年持续水肥调控下叶绿素的积累与施肥量有很大的关系，施肥越多叶绿素积累越多，肥料对苹果幼树叶绿素含量的影响已经大于第一年水分对叶绿素含量的影响，这说明苹果幼树叶绿素含量在肥料不累积到一定程度的时候水分对其有主导作用，在肥料累积到一定程度时施肥对其有主导的作用。

第5章　水肥耦合对苹果幼树光合特性和叶片水分利用效率的效应研究

光合作用是植物将太阳能转换为化学能,并利用它将二氧化碳和水等无机物合成有机物时释放出氧气的过程。光合作用研究既在生命科学中非常重要,又和人类的发展有十分密切的关系,因而诺贝尔奖金委员会在1988年宣布光合作用研究成果获奖的评语中,称光合作用是"地球上最重要的化学反应"。光合作用和蒸腾作用是植物最重要的生理活动,它们与环境因子中的光照、温度和湿度的关系密切,同时光合作用还是植物产量构成的主要因素,研究光合作用、蒸腾作用特性与环境因素的关系,有助于采取适当的栽培措施增强植物的光合能力,从而达到提高产量的目的。

灌溉上限与施肥量对光合作用的影响是不同的,水分对光合作用的影响重要性显著高于施肥量,合理的灌溉指标有利于番茄的生长及产量、水分利用率的提高,过高或过低的水分对光合作用存在着显著的负相关效应,均不利于光合速率的提高,可能是因为水分和肥料对于叶绿素的提高具有一定的拮抗作用。

番茄叶片净光合速率随着水分胁迫的加剧而明显下降;氮肥是影响小麦生长的关键因素之一,合理施用氮肥可促进小麦叶片和根系的发育,增强叶片光合作用和根系吸水作用,提高作物水分和养分的利用能力,但在不同干旱条件下氮肥对水分利用效率的提高作用并不相同,且在严重干旱条件下,氮肥对作物产量和水分利用效率的提高作用非常有限；适量施用氮肥在一定程度上可以改善叶片光合性能，提高作物的光合作用，从而最终促进产量的提高，磷肥在作物光合过程中起着重要的作用，参与光合产物的代谢和运输，增加磷肥能使作物产生较多的碳水化合物，从而提高作物的净光合速率。

因此，为探明水肥耦合对苹果幼树光合特性和叶片水分利用效率的效应和最佳水肥组合，研究了不同水肥处理对苹果光合特性（净光合速率、蒸腾速率、气孔导度）和叶片水分利用效率的影响，以期为干旱或半干旱地区苹果幼树光合特性的研究和水肥高效利用机制提供理论基础。

5.1　水肥耦合对苹果幼树不同生育期光合特性和叶片水分利用效率的效应

表 5-1～表 5-4 是 2012 年和 2013 年水肥耦合对不同生育期苹果幼树叶片净光合速率（P_n）、蒸腾速率（T_r）、气孔导度（G_s）和水分利用效率（LWUE）的效应。如表 5-1～表 5-4 所示，2012 年和 2013 年，施肥一定的条件下，苹果幼树 P_n、T_r、G_s 总体呈现出 $W_1 > W_2 > W_3 > W_4$；灌水一定的条件下，苹果幼树 P_n、T_r、G_s 总体呈现出 $F_1 > F_2 > F_3$，由此可以说明苹果幼树 P_n、T_r、G_s 随着灌水量和施肥量的增加呈现出明显的上升趋势，在水肥耦合条件下，苹果叶片 P_n、T_r、G_s 可以反映其水肥亏缺状况。P_n、T_r、G_s 三者最大值一般都出现在高水高肥的 F_1W_1 处理，最小值都出现在低水低肥的 F_3W_4 处理，这说明苹果树 P_n、T_r、G_s 三者密切相关，当苹果树光合速率和蒸腾速率较高和较低时，自身可以通过控制气孔开放程度的大小以适应其环境条件。LWUE 最大值基本上出现在 F_2W_2 处理，与 F_1W_1 相比，2012 年苹果幼树 P_n、T_r、G_s 分别减少了 18.8%、29.1%、23.2%，但 LWUE 却增加了 14.2%；2013 年苹果幼树 P_n、T_r、G_s 分别减少了 9.6%、15.5%、10.4%，但 LWUE 却增加了 6.5%，这说明高水高肥的 F_1W_1 处理并不能得到最大的水分利用效

率，虽然 F_1W_1 处理有最高的光合速率但其也有最大的蒸腾速率，最佳的水分利用效率出现在 F_2W_2 处理，F_2W_2 处理达到了节水节肥的最佳水肥耦合模式。

表5-1　2012年不同水肥处理对苹果幼树叶片净光合速率和蒸腾速率的影响

施肥处理	水分处理	净光合速率/（μmol · m^{-2} · s^{-1}）				蒸腾速率/（mmol · m^{-2} · s^{-1}）			
		5月30日	6月30日	7月27日	8月24日	5月30日	6月30日	7月27日	8月24日
F_1	W_1	11.35± 0.94a	14.54± 0.60a	22.37± 0.86a	15.30± 0.97a	5.08± 0.38a	5.11± 0.40a	6.52± 0.17a	6.60± 0.18a
	W_2	10.00± 0.74ab	12.29± 0.16c	20.60± 0.91b	14.23± 0.45ab	4.30± 0.30b	4.05± 0.17b	6.18± 0.17ab	6.10± 0.37ab
	W_3	7.58± 0.28cde	9.24± 0.08ef	17.46± 0.55de	12.35± 0.56bc	3.33± 0.09cd	3.17± 0.08de	5.75± 0.10bcd	5.53± 0.23bc
	W_4	6.09± 1.11ef	8.17± 0.13gh	16.00± 0.44ef	8.57± 1.21d	2.99± 0.29de	2.95± 0.16de	5.63± 0.09cd	5.02± 0.36cd
F_2	W_1	10.13± 0.26ab	13.00± 0.04b	21.23± 1.28ab	15.23± 0.92a	4.07± 0.03b	4.24± 0.07b	6.02± 0.37bc	5.43± 0.22bcd
	W_2	8.16± 1.62cd	10.73± 0.44d	19.78± 1.00bc	12.97± 0.08b	2.88± 0.68de	3.28± 0.16cd	5.59± 0.24cd	4.78± 0.15cd
	W_3	6.77± 0.73de	8.61± 0.40fg	17.54± 0.89de	11.07± 0.65c	2.58± 0.05def	2.97± 0.03de	5.36± 0.07de	4.58± 0.01de
	W_4	4.83± 0.52fg	7.74± 0.15h	15.58± 1.55f	8.05± 0.97de	2.04± 0.12fg	2.54± 0.01f	5.04± 0.18e	3.91± 0.62e
F_3	W_1	8.69± 0.38bc	9.52± 0.38e	18.87± 0.81cd	13.34± 0.85b	4.01± 0.23bc	3.58± 0.05c	5.63± 0.03cd	5.21± 0.44cd
	W_2	6.75± 0.04de	8.72± 0.23fg	17.44± 0.75de	10.97± 0.80c	2.89± 0.11de	3.01± 0.23de	5.27± 0.49de	5.26± 0.48cd
	W_3	4.62± 0.12fg	7.81± 0.06h	15.25± 0.44fg	8.01± 1.20de	2.24± 0.56efg	2.82± 0.01ef	5.00± 0.49e	3.78± 0.51e
	W_4	4.07± 0.46g	5.93± 0.42i	13.75± 0.82g	6.48± 0.34e	1.74± 0.21g	2.56± 0.01f	4.33± 0.40f	2.79± 0.08f
显著性检验（F值）									
水分		91.838**	217.005**	141.653**	97.213**	163.849**	783.327**	80.974**	38.861**
施肥		10.840	146.316**	86.874**	64.793*	21.140*	19.647*	17.844**	121.722**
水分×施肥		0.564	16.294**	1.080	0.918	0.390	9.541**	1.026	2.396

表 5-2　2012 年不同水肥处理对苹果幼树叶片气孔导度和水分利用效率的影响

施肥处理	水分处理	气孔导度/（mmol·m⁻²·s⁻¹）				水分利用效率/（μmol·mmol⁻¹）			
		5 月 30 日	6 月 30 日	7 月 27 日	8 月 24 日	5 月 30 日	6 月 30 日	7 月 27 日	8 月 24 日
F_1	W_1	155.34±51.38a	277.46±12.20a	481.32±38.80a	220.03±13.83a	2.23±0.02ab	2.85±0.10bcd	3.43±0.05ab	2.32±0.08cde
	W_2	129.77±26.58ab	240.54±2.00ab	456.40±2.67ab	178.85±26.27ab	2.32±0.01ab	3.03±0.09abc	3.34±0.06abc	2.34±0.07cde
	W_3	77.62±24.37cde	199.97±26.98bcd	365.88±73.32bcd	112.38±27.77cde	2.28±0.02ab	2.91±0.05bcd	3.04±0.07de	2.23±0.01cde
	W_4	62.28±8.85cde	166.80±25.14def	276.60±62.01de	117.72±29.51cde	2.02±0.17b	2.78±0.19cd	2.84±0.06e	1.72±0.36f
F_2	W_1	109.54±8.44abc	245.69±12.04ab	422.95±56.31ab	194.14±16.07a	2.49±0.08ab	3.07±0.06ab	3.53±0.10a	2.80±0.05a
	W_2	90.70±8.51bcde	218.85±14.42bc	410.64±43.60abc	150.33±4.62bc	2.85±0.11a	3.27±0.02a	3.53±0.06a	2.72±0.10ab
	W_3	85.15±10.67bcde	180.53±33.05cde	311.87±8.25cde	139.08±12.39bcd	2.62±0.33ab	2.90±0.10bcd	3.27±0.13abcd	2.41±0.14bcd
	W_4	46.53±1.90e	146.07±40.92ef	274.02±78.28de	94.09±21.17de	2.39±0.40ab	3.04±0.06ab	3.09±0.26cde	2.07±0.08e
F_3	W_1	100.17±8.06bcd	185.47±3.05cde	356.82±61.74bcde	146.49±19.13bc	2.17±0.22ab	2.66±0.14d	3.35±0.13abc	2.56±0.05abc
	W_2	75.52±25.37cde	157.48±0.98def	257.91±81.57ef	139.07±13.24bcd	2.34±0.10ab	2.90±0.14bcd	3.32±0.22abc	2.09±0.04de
	W_3	51.56±19.43de	129.17±14.73f	264.72±41.86def	86.17±17.44e	2.13±0.59ab	2.77±0.03cd	3.07±0.21cde	2.11±0.03de
	W_4	52.84±5.19de	84.94±3.01g	169.73±36.86f	72.63±9.43e	2.37±0.55ab	2.31±0.16e	3.19±0.21bcd	2.32±0.19cde
显著性检验（F 值）									
水分		33.765**	38.794**	78.317**	91.140**	11.810*	14.212*	56.189**	30.935**
施肥		1.693	31.322*	12.790*	34.158*	1.073	22.527*	2.927	11.751
水分×施肥		1.577	1.021	1.925	1.584	0.631	3.250	3.656*	3.773

表 5-3　2013 年不同水肥处理对苹果幼树叶片净光合速率和蒸腾速率的影响

施肥处理	水分处理	净光合速率/（μmol·m⁻²·s⁻¹）				蒸腾速率/（mmol·m⁻²·s⁻¹）			
		5 月 20 日	6 月 25 日	7 月 20 日	8 月 20 日	5 月 20 日	6 月 25 日	7 月 20 日	8 月 20 日
F_1	W_1	14.05±0.52a	20.27±0.58a	24.26±0.98a	21.79±0.50a	3.51±0.11a	6.15±0.25a	7.28±0.16a	6.60±0.09a
	W_2	13.68±0.33ab	18.76±1.01ab	22.76±0.52ab	20.85±0.23ab	3.38±0.11ab	5.64±0.39abc	6.86±0.11ab	6.42±0.17a

续表

施肥处理	水分处理	净光合速率/（μmol·m⁻²·s⁻¹）				蒸腾速率/（mmol·m⁻²·s⁻¹）			
		5月20日	6月25日	7月20日	8月20日	5月20日	6月25日	7月20日	8月20日
F_1	W_3	10.69±1.08cd	16.26±0.62cd	18.83±1.00de	17.88±1.23cd	2.87±0.43bcd	4.92±0.24cdef	5.94±0.45cd	5.51±0.35cd
	W_4	8.13±0.50efg	13.27±0.81fg	16.15±0.60gh	16.28±1.22e	2.50±0.27cde	4.51±0.16efg	5.83±0.08de	5.51±0.35cd
F_2	W_1	13.36±0.48ab	19.25±0.52ab	22.06±0.51bc	20.71±0.34ab	3.31±0.15ab	5.78±0.36ab	6.53±0.05bc	6.15±0.35ab
	W_2	12.81±0.90ab	18.14±0.58b	21.24±0.24bc	20.47±0.37ab	3.11±0.28ab	5.35±0.11bcd	5.95±0.10cd	5.47±0.31cd
	W_3	9.74±0.62de	15.49±1.39de	18.01±1.03ef	18.24±0.40cd	2.83±0.23bcd	4.83±0.58def	5.59±0.17def	5.24±0.25cde
	W_4	7.38±0.14fg	12.23±0.99gh	15.02±0.85hi	16.69±0.20de	2.03±0.03ef	3.80±0.31gh	5.01±0.73fg	5.05±0.14de
F_3	W_1	12.09±1.33bc	17.76±0.93bc	20.43±0.34cd	19.36±0.73bc	3.04±0.32abc	5.19±0.23bcde	6.11±0.10cd	5.66±0.25bc
	W_2	10.98±0.77cd	16.30±0.29cd	19.19±0.96de	18.20±0.77cd	2.89±0.15bcd	4.89±0.27cdef	5.61±0.21def	5.15±0.18cde
	W_3	8.95±0.67ef	14.23±0.54ef	16.97±0.70fg	16.84±0.45de	2.33±0.33def	4.42±0.36fgh	5.21±0.10ef	4.87±0.17e
	W_4	7.09±0.38g	11.59±0.50h	13.89±1.01i	15.59±0.53e	1.94±0.05f	3.77±0.25h	4.56±0.28g	4.69±0.23e
显著性检验（F值）									
水分		92.927**	362.352**	538.108**	188.374**	63.263**	230.590**	54.899**	205.676**
施肥		282.735**	48.790*	49.664*	55.488*	153.408**	153.351**	21.999*	2541.246**
水分×施肥		1.613	1.186	0.724	1.623	1.398	3.011	0.600	1.571

表5-4　2013年不同水肥处理对苹果幼树叶片气孔导度和水分利用效率的影响

施肥处理	水分处理	气孔导度/（mmol·m⁻²·s⁻¹）				水分利用效率/（μmol·mmol⁻¹）			
		5月20日	6月25日	7月20日	8月20日	5月20日	6月25日	7月20日	8月20日
F_1	W_1	185.88±8.77a	310.91±21.58a	445.76±18.51a	401.06±14.19a	4.00±0.12ab	3.29±0.04a	3.33±0.06abcd	3.30±0.12de
	W_2	169.15±8.32ab	296.58±16.03a	436.89±12.53ab	385.80±20.39a	4.04±0.13ab	3.33±0.05a	3.32±0.12abcd	3.25±0.10e
	W_3	114.82±23.20d	245.42±8.84b	369.88±34.82cd	308.50±41.77bc	3.74±0.18bcd	3.31±0.03a	3.17±0.07bcd	3.25±0.11e
	W_4	79.37±20.32e	129.09±9.15e	269.62±17.52e	214.99±18.69d	3.26±0.16e	2.94±0.08c	2.77±0.14e	2.95±0.03f

续表

施肥处理	水分处理	气孔导度/（mmol·m⁻²·s⁻¹）				水分利用效率/（μmol·mmol⁻¹）			
		5月20日	6月25日	7月20日	8月20日	5月20日	6月25日	7月20日	8月20日
F₂	W₁	172.78±12.59ab	276.67±20.76ab	434.31±12.97ab	378.14±5.82a	4.04±0.14a	3.34±0.12a	3.38±0.11abc	3.37±0.13bcde
	W₂	156.20±4.14bc	264.58±9.60ab	401.72±12.09bc	381.61±19.12a	4.12±0.17a	3.39±0.05a	3.57±0.10a	3.75±0.11a
	W₃	112.48±9.31d	196.51±8.49cd	343.26±27.68d	294.74±32.43bc	3.45±0.06de	3.21±0.10b	3.22±0.28abcd	3.48±0.09bc
	W₄	84.43±6.85e	137.94±14.01e	215.20±14.42f	207.85±11.36d	3.64±0.12cd	3.22±0.10b	3.02±0.27de	3.30±0.05de
F₃	W₁	150.25±4.74bc	234.79±21.71bc	376.25±13.98cd	340.56±17.15ab	3.97±0.02abc	3.42±0.13a	3.34±0.06abcd	3.42±0.02bcd
	W₂	131.59±7.54cd	190.96±15.49cd	344.29±24.72d	306.95±23.80bc	3.80±0.07abc	3.33±0.13a	3.42±0.16ab	3.53±0.03b
	W₃	85.54±16.00e	157.92±49.92de	291.31±15.84e	249.10±72.79cd	3.86±0.26abc	3.23±0.14b	3.26±0.14abcd	3.46±0.03bcd
	W₄	70.46±3.61e	114.93±8.47e	188.74±7.80f	201.91±9.47d	3.66±0.28cd	3.08±0.17bc	3.05±0.03cde	3.32±0.05cde
显著性检验（F 值）									
水分		468.288**	63.562**	108.641**	32.017**	11.481*	16.651*	49.087**	19.359*
施肥		5.865	219.211**	248.336**	10.920	5.772	0.961	3.358	54.506*
水分×施肥		1.132	2.052	1.413	3.249	10.502**	27.568**	2.091	5.234*

　　4 个生育期不同水肥处理间 P_n、T_r、G_s 和 LWUE 都有明显的差异，但最大差异都出现在苹果幼树果实膨大期，这说明苹果幼树果实膨大期是需水需肥的最关键时期，此时期控水控肥可有效的提高用水效率和增加最终果实产量。

　　两年中水肥交互作用对苹果幼树 LWUE 的影响表现有所差异，2012 水肥调控第一年，水肥交互作用仅对苹果幼树果实膨大期（7 月 27 日）LWUE 产生了显著影响（$P<0.05$）；2013 年水肥调控第二年，水肥交互作用则对苹果新梢生长期（5 月 20 日）和坐果期（6 月 25 日）LWUE 产生极显著影响（$P<0.01$），对果实成熟期（8 月 20 日）产生显著影响（$P<0.05$），分析原因可能是因为第一年苹果幼树 LWUE 对水肥交互作用反应不敏感，其显

著的影响仅发生在需水需肥的关键时期（果实膨大期），第二年在持续水肥调控下，水肥交互作用对各生育期苹果幼树 LWUE 基本都产生了显著的影响，这说明水肥交互作用对苹果幼树 LWUE 的影响是可以随着水肥调控时间的增加而更加明显。

5.2　水肥耦合对苹果幼树光合特性和叶片水分利用效率日变化的效应

1. 水肥耦合对苹果幼树净光合速率日变化的效应

图 5-1 是 2013 年 5 月 20 日（新梢生长期）和 7 月 20 日（果实膨大期）苹果幼树在不同水肥处理下净光合速率（P_n）的日变化特征。5 月 20 日不同水肥处理下苹果幼树 P_n 全天基本呈单峰曲线特征，在 W_1（充分供水）和 W_2（轻度亏缺）控水处理下，从 8:00 开始随着大气温度和光合有效辐射的增强，不同处理苹果幼树 P_n 都逐渐增加，到 10:00 左右达到全天最大值，在 10:00 以后，由于太阳辐射和大气温度等环境因素的影响诱导叶表气孔关闭，P_n 基本呈缓慢下降的趋势，从 16:00 开始急剧下降，到 18:00 由于太阳辐射较弱 P_n 达到全天监测最小值；在 W_3（中度亏缺）和 W_4（重度亏缺）控水处理下，不同水肥耦合处理苹果幼树 P_n 全天变化不大，全天监测最大值基本出现在 8:00 或 10:00 左右，最小值出现在 18:00；全天 P_n 平均最大值依次为 11.36 μmol·m^{-2}·s^{-1}、11.14 μmol·m^{-2}·s^{-1}、10.79 μmol·m^{-2}·s^{-1}、10.39 μmol·m^{-2}·s^{-1}，分别出现在 F_1W_1、F_2W_1、F_1W_2 和 F_2W_2 水肥组合处理，平均最小值 6.43 μmol·m^{-2}·s^{-1} 出现在 F_3W_4 处理，F_3W_4 处理比 F_1W_1 处理降低了 43.4%。不同水肥处理间苹果幼树 P_n 差异都比较明显，施肥一定的条件下，P_n 总体表现为 $W_1 > W_2 > W_3 > W_4$；灌水一定的条件下，P_n 总体表现为 $F_1 > F_2 > F_3$；水分对苹果幼树 P_n 的影响明显高于施肥对其的影响。

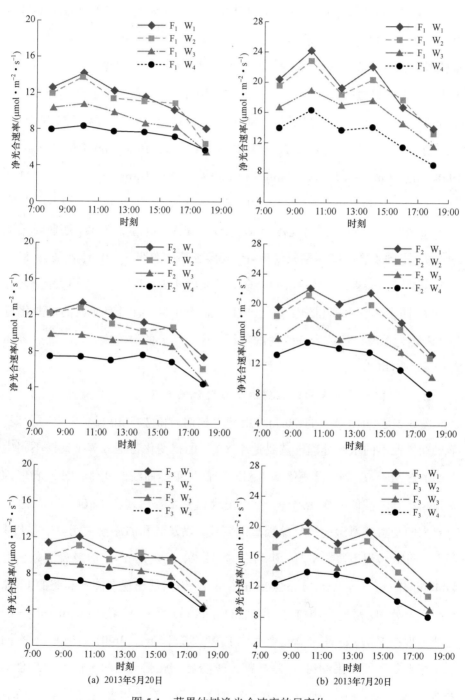

(a) 2013年5月20日　　　　　　　(b) 2013年7月20日

图 5-1　苹果幼树净光合速率的日变化

7 月 20 日不同水肥处理下苹果幼树净光合速率全天基本呈双峰曲线特征。从上午 8:00 开始逐渐上升，到 10:00 左右 P_n 上升到全天最大值（第一个峰值），P_n 在 12:00 有所下降，出现了"午休"现象，这是由于中午的高温、低湿使叶片暂时过热、过干，水分代谢失调所致，在 14:00 左右达到全天第二个峰值，之后由于太阳辐射强度迅速下降，P_n 也开始迅速地下降，到 18:00 下降到全天监测最小值，全天 P_n 平均最大值依次为 19.36 μmol·m^{-2}·s^{-1}、19.04 μmol·m^{-2}·s^{-1}、18.51 μmol·m^{-2}·s^{-1}、17.81 μmol·m^{-2}·s^{-1}，也分别出现在 F_1W_1、F_2W_1、F_1W_2 和 F_2W_2 水肥组合处理，平均最小值 11.73 μmol·m^{-2}·s^{-1} 也出现在 F_3W_4 处理，F_3W_4 处理比 F_1W_1 处理降低了 39.4%。不同水肥处理间苹果幼树 P_n 差异也都比较明显，总体表现与 5 月 20 日基本相同，这说明不同水肥处理对苹果幼树 P_n 日变化具有很大的影响，一般 P_n 随土壤含水率和施肥量的增加而显著升高，且具有明显的日变化特征，表现为单峰曲线或者双峰曲线特征，这与当天的温湿度、太阳辐射等环境因素密切相关。

2. 水肥耦合对苹果幼树蒸腾速率日变化的效应

图 5-2 是 2013 年 5 月 20 日（新梢生长期）和 7 月 20 日（果实膨大期）苹果幼树在不同水肥处理下蒸腾速率（T_r）的日变化特征。苹果幼树不同生育期的这两天 T_r 全天日变化基本相同，都呈单峰曲线的变化特征，表现为先升高后逐渐减低的变化趋势，全天最大值基本都出现在 12:00 左右，之后随着太阳辐射和温湿度等气象因素的变化，以及气孔的逐渐关闭，T_r 趋于减弱，并开始缓慢下降。5 月 20 日和 7 月 20 日全天 T_r 平均最大值分别为 4.44 mmol·m^{-2}·s^{-1}、6.64 mmol·m^{-2}·s^{-1}，仍然都出现在高水高肥的 F_1W_1 水肥组合处理，平均最小值分别为 2.84 mmol·m^{-2}·s^{-1}、4.33 mmol·m^{-2}·s^{-1} 也都出现在 F_3W_4 处理，F_3W_4 处理比 F_1W_1 处理降低了 36.0%、34.8%。不同水肥耦合处理间苹果幼树 T_r 差异都比较明显，施肥一定的条件下，T_r 总体表现为 $W_1>W_2>W_3>W_4$；灌水一定的条件下，T_r 总体表现为 $F_1>F_2>F_3$；

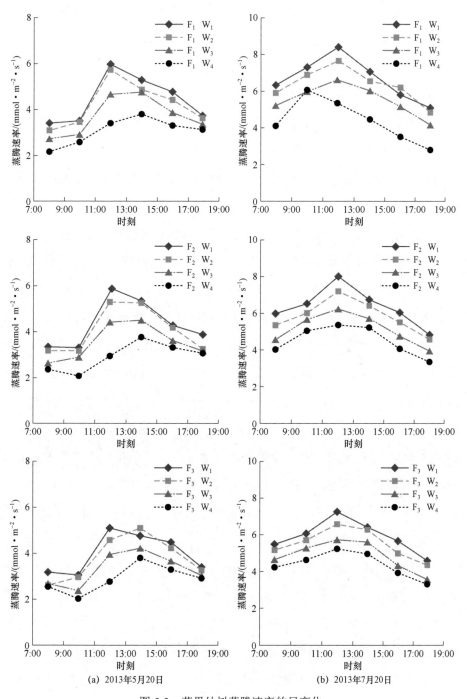

(a) 2013年5月20日　　　　　　　　(b) 2013年7月20日

图 5-2　苹果幼树蒸腾速率的日变化

水分对苹果幼树 T_r 的影响明显高于施肥对其的影响。这说明不同水肥处理对苹果幼树 T_r 日变化具有很大的影响，一般 T_r 随土壤含水率和施肥量的增加而显著升高，且具有明显的日变化特征，表现为单峰曲线特征。

3. 水肥耦合对苹果幼树气孔导度日变化的效应

图 5-3 是 2013 年 5 月 20 日（新梢生长期）和 7 月 20 日（果实膨大期）苹果幼树在不同水肥处理下气孔导度（G_s）的日变化特征。5 月 20 日在 W_1（充分供水）和 W_2（轻度亏缺）控水处理下，不同水肥处理 G_s 表现为先升高后下降的单峰曲线的变化趋势，从 8:00 开始随着太阳辐射和净光合速率的增强开始升高，到 10:00 左右达到全天最大值，之后开始缓慢下降，在 18:00 下降到全天监测最小值；在 W_3（中度亏缺）和 W_4（重度亏缺）控水处理下，不同水肥处理 G_s 从 8:00 开始下降，然后开始上升，之后呈缓慢下降的态势但下降幅度很小，这说明苹果幼树新梢生长期轻度亏缺控水下与充分供水下 G_s 变化趋势一致，与中度亏缺和重度亏缺控水 G_s 变化趋势不一致。全天 G_s 平均最大值依次为 143.09 mmol · m^{-2} · s^{-1}、136.93 mmol · m^{-2} · s^{-1}、133.29 mmol · m^{-2} · s^{-1}、127.13 mmol · m^{-2} · s^{-1}，分别出现在 F_1W_1、F_2W_1、F_1W_2 和 F_2W_2 水肥组合处理，平均最小值 74.01 mmol · m^{-2} · s^{-1} 也出现在 F_3W_4 处理，F_3W_4 处理比 F_1W_1 处理降低了 48.3%。不同水肥处理间苹果幼树 G_s 差异都比较明显，施肥一定的条件下，G_s 总体表现为 $W_1 > W_2 > W_3 > W_4$；灌水一定的条件下，G_s 总体表现为 $F_1 > F_2 > F_3$；水分对苹果幼树 G_s 的影响明显高于施肥对其的影响。

7 月 20 日不同水肥处理下苹果幼树 G_s 全天基本呈双峰曲线特征，变化趋势与 P_n 完全一致，从上午 8:00 开始逐渐上升，到 10:00 左右 G_s 上升到全天最大值（第一个峰值），G_s 在 12:00 有所下降，在 14:00 左右达到全天第二个峰值，之后开始迅速地下降，到 18:00 下降到全天监测最小值，这说明苹果幼树果实膨大期净光合速率和气孔导度相关度比新梢生长期更加密切。

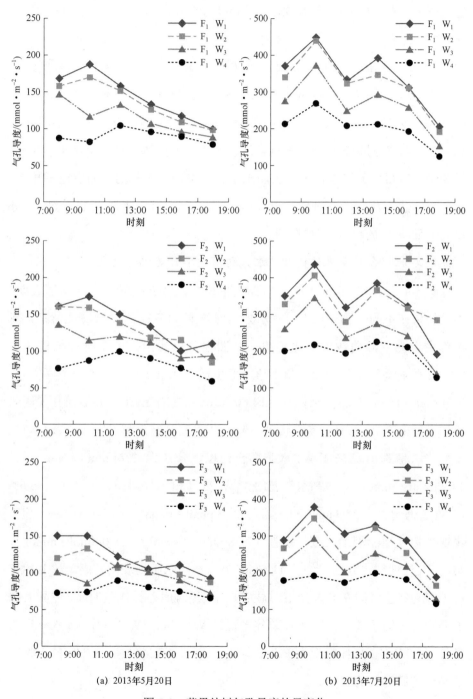

(a) 2013年5月20日　　　　　(b) 2013年7月20日

图 5-3　苹果幼树气孔导度的日变化

净光合速率的变化可以反映出气孔导度的变化规律。全天 G_s 平均最大值依次为 342.44 mmol·m^{-2}·s^{-1}、333.17 mmol·m^{-2}·s^{-1}、326.23 mmol·m^{-2}·s^{-1}、322.84 mmol·m^{-2}·s^{-1}，分别出现在 F_1W_1、F_2W_1、F_2W_2 和 F_1W_2 水肥组合处理，平均最小值 170.67 mmol·m^{-2}·s^{-1} 出现在 F_3W_4 处理，F_3W_4 处理比 F_1W_1 处理降低了 50.2%。不同水肥处理间苹果幼树 G_s 差异也都比较明显，总体表现与 5 月 20 日基本相同，这说明不同水肥耦合处理对苹果幼树 G_s 日变化具有很大的影响，一般 G_s 随土壤含水率和施肥量的增加而显著升高。G_s 的日变化规律在一些时期与 P_n 完全一致，P_n 的日变化规律在一些时期可以完全反映 G_s 的日变化规律。

4. 水肥耦合对苹果幼树叶片水分利用效率日变化的效应

图 5-4 是 2013 年 5 月 20 日（新梢生长期）和 7 月 20 日（果实膨大期）苹果幼树在不同水肥处理下叶片水分利用效率（LWUE）的日变化特征，基本都表现为双峰曲线的变化趋势。从图中可以看出，上午时段苹果幼树 LWUE 明显高于下午时段，最大值一般出现在 10:00 左右（第一个峰值），在 12:00—14:00 左右降至低谷，14:00—16:00 左右 LWUE 开始回升（达到第二个峰值），之后又开始缓慢地下降。两次监测结果都表明，全天 LWUE 平均最大值都出现在 F_2W_2 水肥耦合处理，分别为 2.74 µmol·mmol^{-1}、3.09 µmol·mmol^{-1}，与高水高肥的 F_1W_1 处理相比分别提高了 1.9%、5.5%（F_1W_1 处理分别为 2.69 µmol·mmol^{-1}、2.93 µmol·mmol^{-1}），全天平均最小值都出现在 F_3W_4 水肥耦合处理，分别为 2.38 µmol·mmol^{-1}、2.70 µmol·mmol^{-1}，与 F_1W_1 处理相比分别降低了 11.5%、7.9%。不同水肥处理间苹果幼树 LWUE 的差异为谷值时间左右差异不明显，其他监测时间差异比较明显，差异表现为施肥一定的条件下，LWUE 总体表现为 $W_2 > W_1 > W_3 > W_4$，灌水一定的条件下，LWUE 总体表现为 $F_2 > F_1 > F_3$，水分对苹果幼树 LWUE 的影响明显高于施肥对其的影响。

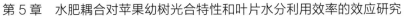

第 5 章　水肥耦合对苹果幼树光合特性和叶片水分利用效率的效应研究

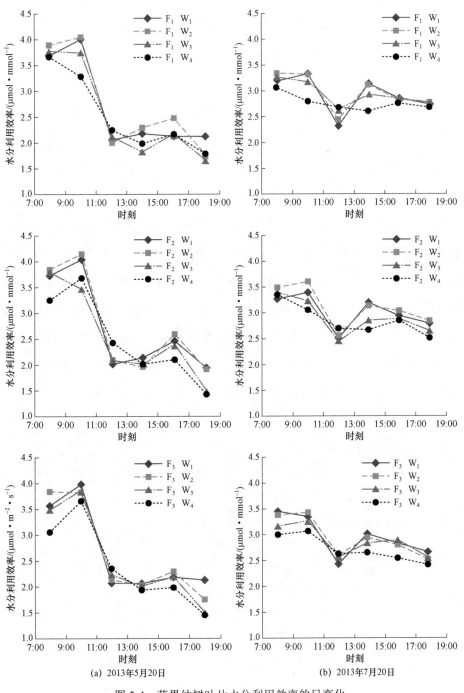

图 5-4　苹果幼树叶片水分利用效率的日变化

63

5.3　水肥耦合条件下苹果幼树净光合速率与其他生理指标间的相关关系

　　光合作用是植物体内极为重要的代谢过程,光合作用的强弱对植物的生长、产量及其抗逆性都具有十分重要的影响。因此研究苹果幼树叶片净光合速率与其他生理指标间的相关关系尤为重要。图 5-5 分析后得出净光合速率与丙二醛含量、蒸腾速率和气孔导度之间都呈二次曲线关系。净光合速率与丙二醛含量之间的相关关系的决定系数 $R^2=0.792$;净光合速率与蒸腾速率之间 $R^2=0.947$;净光合速率与气孔导度之间 $R^2=0.907$,这说明苹果幼树叶片净光合速率与丙二醛含量、蒸腾速率和气孔导度密切相关,光合作用能直接影响其光合速率、蒸腾速率、气孔导度和丙二醛含量。净光合速率与脯氨酸含量间 $R^2=0.511$;净光合速率与叶片相对含水率间 $R^2=0.228$;净光合速率与叶片饱和含水率 $R^2=0.265$,这说明苹果幼树叶片净光合速率与脯氨酸含量、叶片相对含水率和饱和含水率有一定的关系但关系不大。

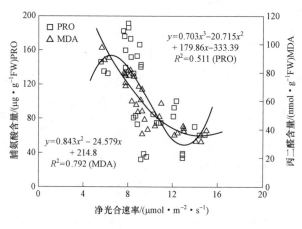

图 5-5　苹果幼树叶片净光合速率与其他指标间的相关关系

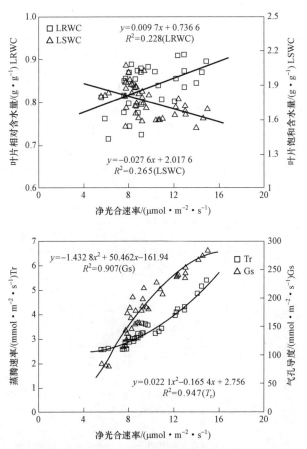

图 5-5　苹果幼树叶片净光合速率与其他指标间的相关关系（续）

5.4　水肥耦合条件下苹果幼树叶片水分利用效率与其他生理指标间的相关关系

　　植物能否适应当地的极限环境条件，最主要的看它们能否很好地协调碳同化和水分耗散之间的关系，即植物叶片水分利用效率是其生存的关键因子。图 5-6 是叶片水分利用效率与脯氨酸含量、丙二醛含量、叶片相对含水率、叶片饱和含水率、净光合速率和气孔导度间的相关关系。由图 5-6 分析

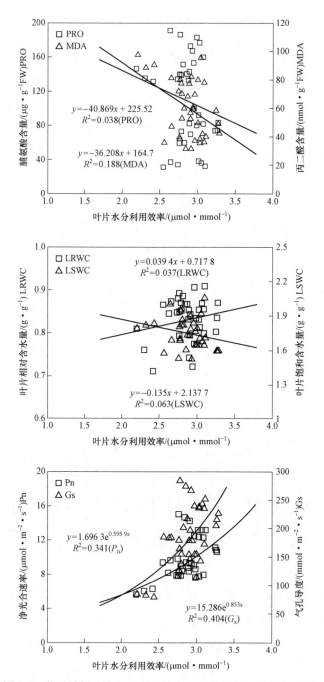

图 5-6　苹果幼树叶片水分利用效率与其他指标间的相关关系

后得出苹果幼树叶片水分利用效率与叶片脯氨酸含量、丙二醛含量、叶片相对含水率和饱和含水率间关系不大；叶片水分利用效率与净光合速率和气孔导度有一定的指数函数关系，叶片水分利用效率与净光合速率间 $R^2 = 0.341$；叶片水分利用效率与气孔导度间 $R^2 = 0.404$。

第6章　水肥耦合对苹果耗水规律和水分生产率的效应研究

　　对干旱和半干旱地区而言，水已经成为改善农业生产力的主要制约因素，极大化单位用水量的产量而非单位土地的产量已成为农业生产系统的最佳策略选择，为此应采纳更为有效的改善作物水分生产率的途径与方法；此外，灌溉过度用水不仅会增加农业生产成本，还将带来因土壤溶质淋洗造成的水体污染，故提高和改善作物水分生产率显得非常重要。改善农业水管理的当务之急是提高灌溉用水效率，近年来的研究焦点集中在基于尽可能少地用水生产出尽可能多的粮食，即通过改善单位用水的生物和经济产出量来增加作物水分生产率，这对减轻农业缺水程度、缓解环境生态压力确保食物安全至关重要。与传统的淹灌方式相比，水稻栽培过程中采用干湿间歇交替的非充分灌溉制度，可在略有增产或不显著影响水稻产量的前提下，减少耗水量 20%～30%，相应的 CWP 可达 1.55～1.57 kg·m^{-3}；苹果幼树的 CWP 最大值基本上出现在中水中肥处理，与高水高肥相比，虽然其干物质质量减少了 5.2%，但耗水量却减少了 16.4%，CWP 增加了 13.4%。

　　耗水规律是作物合理灌溉、产量预测和灌溉工程设计的基础，亦是水资源不足条件下对种植业与其他产业之间及种植业内部各种作物之间进行合理配置的前提。耗水强度与土壤含水量呈正相关，在一定范围内耗水强度随着灌溉量的增加而提高,紫花苜蓿全生长季需水强度和耗水强度的范围分别为 $3\sim7\ mm\cdot d^{-1}$ 和 $2\sim7\ mm\cdot d^{-1}$,短期极端最高需水强度为 $14\ mm\cdot d^{-1}$。

因此,为探明苹果幼树耗水和水分生产力对水肥耦合效应的响应规律,研究了不同水肥处理对苹果各生育期耗水强度、耗水量和水分生产力的影响,以期为干旱或半干旱地区苹果幼树耗水规律和水分生产力的研究提供理论基础。

6.1　水肥耦合对苹果幼树各生育期耗水强度的效应

表 6-1 和表 6-2 是 2012 年和 2013 年不同水肥处理对苹果幼树各生育期耗水强度的影响。2012 年灌水对苹果幼树萌芽开花期、新梢生长期、坐果期和果实膨大期耗水强度的影响都达到极显著水平($P<0.01$),对成熟期的影响达到显著水平($P<0.05$);施肥仅对苹果幼树坐果期耗水强度影响极显著($P<0.01$),对新梢生长期和果实膨大期耗水强度影响显著($P<0.05$);水肥交互作用对苹果幼树各生育期耗水强度的影响不显著。

表 6-1　2012 年不同水肥处理对苹果各生育期耗水强度的影响

施肥处理	水分处理	2012 年各生育期耗水强度/（mm·d⁻¹）				
		萌芽开花期	新梢生长期	坐果期	果实膨大期	成熟期
F_1	W_1	5.5a	6.7a	8.0a	10.2a	5.0a
	W_2	5.0abc	5.9b	7.1b	9.7ab	4.8ab
	W_3	4.8bc	5.7bc	6.2cd	7.5d	4.5abc
	W_4	4.0efg	4.5f	5.4de	6.1f	4.0bc
F_2	W_1	5.5a	6.5a	8.1a	10.2a	5.0a
	W_2	4.6bcde	5.2d	6.5ab	8.9c	4.5abc
	W_3	4.4cdef	5.0de	5.5de	6.6c	3.9bc
	W_4	3.8g	4.3f	5.0e	5.7f	3.6c

续表

施肥处理	水分处理	2012 年各生育期耗水强度/（mm·d⁻¹）				
		萌芽开花期	新梢生长期	坐果期	果实膨大期	成熟期
F_3	W_1	5.1ab	5.8b	6.7ab	9.4bc	4.8ab
	W_2	4.6bcd	5.3cd	6.1cd	7.7d	4.1bc
	W_3	4.1defg	4.7ef	5.6de	6.5e	4.3abc
	W_4	3.9fg	4.5f	4.8e	5.6f	4.1bc
显著性检验（F 值）						
水分		114.400**	247.280**	43.154**	169.078**	19.901*
施肥		3.559	19.393*	199.632**	33.627*	0.560
水分×施肥		1.214	3.691	2.001	2.738	1.567

表 6-2　2013 年不同水肥处理对苹果各生育期耗水强度的影响

施肥处理	水分处理	2013 年各生育期耗水强度/（mm·d⁻¹）				
		萌芽开花期	新梢生长期	坐果期	果实膨大期	成熟期
F_1	W_1	6.7a	8.9a	11.5a	13.4a	6.5a
	W_2	6.3ab	8.1ab	10.4b	12.3b	5.9ab
	W_3	5.7bcd	6.8cd	8.2e	10.0c	5.4abcd
	W_4	4.7f	5.6e	6.3fg	8.2d	4.4cd
F_2	W_1	6.8a	8.9a	10.9ab	12.7ab	6.5a
	W_2	5.9bc	7.5bc	9.5cd	10.8c	5.5abc
	W_3	5.1def	5.9de	7.2f	8.7d	4.6bcd
	W_4	4.5f	5.0e	5.9g	7.2e	4.1d
F_3	W_1	6.2abc	7.6bc	10.0bc	11.8b	6.3a
	W_2	5.5cde	7.0bcd	8.7de	10.2c	5.6abc
	W_3	4.9ef	6.1de	6.8f	8.2d	4.8bcd
	W_4	4.6f	5.1e	5.6g	6.6e	4.6bcd
显著性检验（F 值）						
水分		61.660**	443.954**	216.376**	1116.374**	92.813**
施肥		3.447	8.385	24.333*	22.357*	0.378
水分×施肥		1.712	0.862	1.333	0.538	0.424

2013 年灌水对苹果幼树各生育期耗水强度的影响达到极显著水平（$P<$ 0.01）；施肥仅对苹果幼树坐果和膨大期耗水强度影响显著（$P<0.05$）；水肥交互作用对苹果幼树各生育期耗水强度的影响不显著。

如表 6-1 所示，2012 年全生育期施肥一定的条件下，苹果幼树耗水强度总体表现为 $W_1>W_2>W_3>W_4$；灌水一定的条件下，苹果幼树耗水强度总体表现为 $F_1>F_2>F_3$，这说明苹果幼树耗水强度随着灌水量和施肥量的增加呈现出明显的上升趋势。2012 年不同水肥处理下苹果幼树萌芽开花期的耗水强度为 3.8～5.5 mm·d^{-1}，新梢生长期为 4.3～6.7 mm·d^{-1}，坐果期达到 4.8～8.0 mm·d^{-1}，果实膨大期最大，为 5.6～10.2 mm·d^{-1}，成熟期最小，为 3.6～5.0 mm·d^{-1}；苹果幼树各生育期耗水强度平均值分别为 4.6 mm·d^{-1}、5.3 mm·d^{-1}、6.2 mm·d^{-1}、7.8 mm·d^{-1}、4.4 mm·d^{-1}，果实膨大期分别较萌芽开花期、新梢生长期、坐果期和成熟期增长了 69.6%、47.2%、25.8%、77.3%，这说明苹果幼树果实膨大期是需水需肥最关键的生育期。

如表 6-2 所示，2013 年苹果幼树耗水强度和 2012 年基本一致，随着灌水量和施肥量的增加呈现出明显的上升趋势。2013 年不同水肥处理下苹果幼树萌芽开花期耗水强度在 4.5～6.7 mm·d^{-1}，新梢生长期为 5.0～8.9 mm·d^{-1}，坐果期达到 5.6～11.5 mm·d^{-1}，果实膨大期最大，为 6.6～13.4 mm·d^{-1}，成熟期最小，为 4.1～6.5 mm·d^{-1}；苹果幼树各生育期耗水强度平均值分别为 5.6 mm·d^{-1}、6.9 mm·d^{-1}、8.4 mm·d^{-1}、10.0 mm·d^{-1}、5.3 mm·d^{-1}，果实膨大期分别较萌芽开花期、新梢生长期、坐果期和成熟期增长了 78.6%、44.9%、19.1%、88.7%，这也说明了苹果幼树果实膨大期是需水需肥最关键的生育期。2013 年全生育期平均耗水强度 7.2 mm·d^{-1}，较 2012 年全生育期平均耗水强度 5.7 mm·d^{-1} 增加了 26.3%，这是因为苹果幼树在水肥调控第二年茎粗、株高、叶面积等生长指标增长都很明显且已经有了成熟的苹果果实，故消耗了更多的水分和来维持自身的生长。但两年苹果幼树各生育期耗水强度基本都表现为果实膨大期＞坐果期＞新梢生长期＞萌芽开花期＞成熟期。

6.2 水肥耦合对苹果幼树干物质质量、耗水量和水分生产率的效应

表 6-3、表 6-4 是 2012 年和 2013 年不同水肥处理对苹果幼树干物质质量、耗水量和水分生产率的影响。2012 年灌水对干物质质量、耗水量和 CWP 的影响都达到极显著水平（$P<0.01$）；施肥对干物质质量和 CWP 的影响达到显著水平（$P<0.05$）；水肥交互作用对干物质质量、耗水量和 CWP 影响不显著。2013 年灌水对干物质质量和耗水量的影响都达到极显著水平（$P<0.01$），对 CWP 的影响达到显著的水平（$P<0.05$）；施肥对干物质质量和 CWP 的影响达到显著的水平（$P<0.05$）；水肥交互作用对干物质质量、耗水量和 CWP 影响不显著；不同水肥处理对苹果幼树干物质质量、耗水量和 CWP 的影响基本与 2012 年相一致。

表 6-3　2012 年不同水肥处理对苹果幼树干物质质量、耗水量和水分生产率的影响

施肥处理	水分处理	干物质质量/（g·株$^{-1}$）	耗水量/（L·株$^{-1}$）	水分生产率/（kg·m^{-3}）
F_1	W_1	341.47±11.60ab	208.01±4.95a	1.64±0.01def
	W_2	337.27±10.61ab	190.33±7.78b	1.77±0.01bc
	W_3	288.93±7.07cd	168.45±7.35c	1.72±0.04cd
	W_4	224.13±7.07f	140.71±1.81de	1.59±0.07efg
F_2	W_1	348.21±7.78a	207.32±7.07a	1.68±0.01de
	W_2	323.67±6.36b	173.95±2.12c	1.86±0.01a
	W_3	271.97±3.75de	149.7±0.72d	1.82±0.01ab
	W_4	223.68±15.20f	131.22±2.83e	1.71±0.08cd
F_3	W_1	293.18±7.07c	186.06±6.65b	1.58±0.02fg
	W_2	265.52±8.64e	162.93±7.78c	1.63±0.03def
	W_3	237.32±7.92f	148.14±6.31d	1.60±0.01efg
	W_4	203.01±3.90d	133.24±2.12e	1.53±0.05g
显著性检验（F 值）				
水分		4143.262**	1510.599****	81.435**
施肥		65.238*	11.185	19.803*
水分×施肥		2.606	2.503	1.228

表 6-4 **2013 年不同水肥处理对苹果幼树干物质质量、**
耗水量和水分生产率的影响

施肥处理	水分处理	干物质质量/（g·株⁻¹）	耗水量/（L·株⁻¹）	水分生产率/（kg·m⁻³）
F_1	W_1	780.44±19.09a	276.23±7.17a	2.83±0.11cd
	W_2	768.78±11.44a	252.97±10.19bc	3.04±0.17abc
	W_3	603.63±28.26bc	28.26±9.90d	2.85±0.10bcd
	W_4	450.14±22.88d	171.82±5.73ef	2.63±0.22de
F_2	W_1	774.26±17.38a	269.91±5.96ab	2.87±0.13bcd
	W_2	762.82±14.83a	230.16±12.01cd	3.32±0.11a
	W_3	583.34±18.79c	184.44±6.43e	3.17±0.21ab
	W_4	433.58±28.16d	157.50±8.70f	2.75±0.13cde
F_3	W_1	649.44±34.64b	245.83±16.91c	2.64±0.14de
	W_2	627.37±30.94bc	217.94±10.90d	2.88±0.10bcd
	W_3	486.73±28.66d	180.65±14.14e	2.70±0.15de
	W_4	378.11±28.42e	156.20±6.20f	2.43±0.28e
显著性检验（F 值）				
水分		162.653**	1699.485****	10.482*
施肥		64.605*	8.391	42.924*
水分×施肥		1.411	1.057	0.490

如表 6-3、表 6-4 所示，两年间施肥一定的条件下，苹果幼树干物质质量和耗水量总体表现为：$W_1 > W_2 > W_3 > W_4$。灌水一定的条件下，苹果幼树干物质质量和耗水量总体表现为：$F_1 > F_2 > F_3$。由此可以说明苹果幼树干物质的积累和耗水量随着灌水量和施肥量的增加呈现出明显的上升趋势，在水肥耦合条件下，苹果幼树干物质质量和耗水量可以反映其水肥亏缺状况。干物质质量和耗水量最大值一般都出现在高水高肥的 F_1W_1 处理，最小值都出现在低水低肥的 F_3W_4 处理，这说明苹果幼树在高水高肥的情况下耗水量最大，干物质质量积累得最多，干物质质量的积累与其耗水量密切相关。两年间施肥一定的条件下，苹果幼树 CWP 总体表现为：$W_2 > W_3 > W_1 > W_4$。

苹果水肥高效利用理论与调控技术

灌水一定的条件下，苹果幼树干物质质量和耗水量总体表现为：$F_2>F_1>F_3$。两年 CWP 最大值基本上都出现在 F_2W_2 处理，与 F_1W_1 相比，虽然其干物质质量分别减小了 5.2%、2.3%，但耗水量却分别减小了 16.4%、16.7%，CWP 增加了 13.4%、17.3%，这说明高水高肥的 F_1W_1 处理并不能得到最佳的水分生产率，最佳的水分生产率出现在 F_2W_2 处理，F_2W_2 处理达到了节水、节肥的最佳水肥耦合模式。

6.3 水肥耦合条件下苹果幼树耗水强度与干物质间的相关关系

图 6-1 是不同水肥处理下苹果幼树耗水强度与干物质量的关系。如图 6-1 所示，通过相关性分析可知，苹果幼树耗水强度与干物质量之间具有较好的相关性，二者呈现直线线性分布规律，决定系数 $R^2=0.769$，这说明不同水肥处理对苹果幼树干物质量与耗水强度的影响基本一致，两者呈现较好的正相关关系，苹果幼树耗水强度越大，植株生长的越好，最后干物质量积累越多。

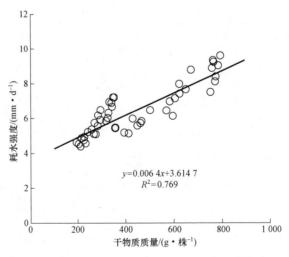

图 6-1　苹果幼树耗水强度与干物质质量的关系

74

6.4　水肥耦合条件下苹果幼树水分生产率 与其他生理指标间的相关关系

　　图 6-2 是苹果幼树水分生产率与叶片脯氨酸含量、丙二醛含量、叶片相对含水率、叶片饱和饱和含水率、净光合速率和叶片水分利用效率间的相关关系。分析后得出苹果幼树水分生产率与叶片脯氨酸含量、丙二醛含量、相对含水率和饱和含水率关系不大。水分生产率与净光合速率和叶片水分利用

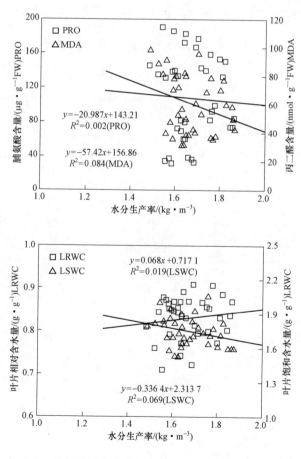

图 6-2　苹果幼树水分生产率与其他指标间的相关关系

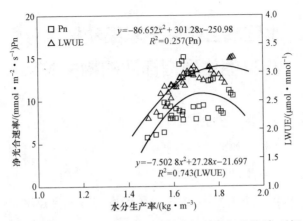

图 6-2　苹果幼树水分生产率与其他指标间的相关关系（续）

效率间呈二次函数关系，水分生产率与净光合速率间 $R^2=0.257$；水分生产率与叶片水分利用效率间 $R^2=0.743$，这说明苹果幼树水分生产率与叶片净光合速率关系不大，但与叶片水分利用效率关系密切，叶片水分利用效率在一定程度上能够反映其水分生产率。

第7章 水肥耦合对苹果产量、品质及灌溉水利用效率的效应研究

在干旱或半干旱地区，由于常年降水量小，蒸发强度大，造成植被恢复水分的条件很差，所以水分是影响植物生长的关键因子。水分又是实现对作物品质改善的媒体和介质，在作物某些生育阶段通过控制水分，改善植株代谢，促进光合产物的增加，可以改善果实品质。有研究表明亏水处理有利于果实维生素 C 和可溶性固形物的提高，可明显提高不同品种果实的糖酸比，并使果实的色泽更加红润，明显改善果实的内在品质与外观。因此，亏水处理不但可以大量节约灌溉用水又可明显改善果实品质，提高水果的商品价值，具有重要的推广价值。

随着节水、节肥等灌溉理论和技术的发展，国内外学者对节水节肥越来越重视并提出了许多节水和节肥的灌溉理论技术，并且试验证明这些理论和技术都可以明显提高作物产量和水分利用效率，在现代农业发展中水肥之间有着明显和重要的交互作用，灌水和施肥对作物产量，以及经济效益都起着决定性作用。

我国水资源有限，在干旱或半干旱地区的水果产区，果园常常全年会受到干旱的胁迫，使得果树自身的生长受到影响，挂果少，产量低，经济效益差，在有限的水资源条件下适当的进行灌溉能大幅度地提高果树产量和经济效益。研究表明，亏缺灌溉不仅影响桃树果实大小更影响果实个数，但适当亏缺灌溉并不影响其产量。光合作用又是影响果实产量和品质的决定性因素。

我国北方土壤缺水、缺肥一直是限制北方农业生产的最主要因素，特别是水肥不协调是造成这一地区农作物长期产量不高的重要原因。因此，在西北旱区水资源严重匮乏的情况下，如何有效地解决灌水量和施肥量间的优化问题，最大限度地提高作物水肥利用效率，对我国西北半干旱和干旱的旱区农业可持续发展和优化发展具有重要的意义。

水肥的合理利用是作物产量品质和灌溉水利用效率提高的关键因素。因此，为探明苹果幼树产量和品质对水肥耦合效应的响应规律和最佳水肥组合，研究了不同水肥处理对苹果产量、品质、肥料偏生产力和灌溉水利用效率的影响，以期为干旱或半干旱地区苹果产量和品质的研究和水肥高效利用机制提供理论基础。

7.1　水肥耦合对苹果幼树产量的效应

图 7-1 是 2013 年不同水肥处理对苹果幼树产量的影响，其中灌水和施肥对苹果产量的影响都达到极显著水平（灌水 $P<0.01$，$F=3\,558.888$；施肥 $P<0.01$，$F=177.996$）；水肥交互作用对苹果产量影响显著（$P<0.05$，$F=7.657$）。

如图 7-1 所示，随着灌水量和施肥量的增加，苹果产量呈梯度上升的趋势，总体分别表现为 $W_1>W_2>W_3>W_4$ 和 $F_1>F_2>F_3$，充分供水处理 W_1 比重度亏缺灌溉处理 W_4 产量平均增加 124.4%，高肥处理 F_1 比低肥处理 F_3 产量平均增加 8.5%，由此可见，灌水对产量的影响明显高于施肥对其的影响。水肥耦合条件下，苹果产量最高和最低的处理分别为 F_1W_1 和 F_3W_4（F_1W_1 比 F_3W_4 增加 139.1%）。

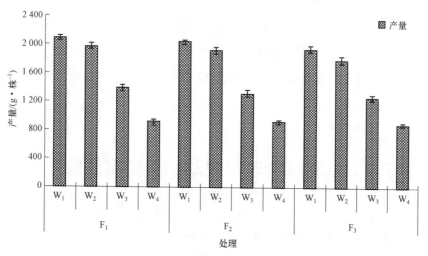

图 7-1　2013 年不同水肥处理对苹果幼树产量的影响

7.2　水肥耦合条件下苹果产量与干物质量的关系

图 7-2 是不同水肥处理下苹果幼树产量与干物质量的关系。如图 7-2 所示,苹果产量与干物质量之间的相关分析可知,二者呈现直线线性分布规律,

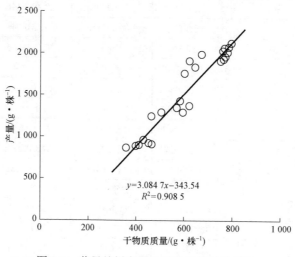

图 7-2　苹果幼树产量与干物质质量的关系

且具有较强的相关性,决定系数 $R^2 = 0.9085$。这说明不同水肥处理对苹果幼树干物质量与产量的影响规律基本一致,呈现为正相关性,结合不同水肥处理对产量和干物质累积的影响表明,适宜的水肥供应对于提高产量与干物质量有积极作用。

7.3　水肥耦合对苹果幼树果实品质的效应

1. 水肥耦合对苹果品质物理指标的效应

表 7-1 是 2013 年不同水肥处理对苹果品质物理指标的影响。其中灌水对苹果单果质量和果实硬度产生极显著影响($P<0.01$),对苹果着色指数和果形指数产生显著的影响($P<0.05$);施肥只对苹果单果质量和果实硬度产

表 7-1　2013 年不同水肥处理对苹果品质物理指标的影响

施肥处理	水分处理	单果质量/g	硬度/(kg·cm⁻²)	着色指数	果形指数
F₁	W₁	190.08±3.46ab	8.08±0.12de	4.01±0.18a	0.86±0.01ab
	W₂	197.23±5.50a	8.39±0.08abc	3.86±0.45ab	0.84±0.02b
	W₃	175.05±4.50de	8.47±0.08ab	3.36±0.28bc	0.89±0.03ab
	W₄	155.22±6.30gh	8.58±0.05a	2.97±0.34c	0.91±0.03a
F₂	W₁	185.95±3.09bc	8.06±0.11e	4.01±0.04a	0.86±0.03ab
	W₂	193.42±2.86ab	8.28±0.09bcd	3.91±0.34ab	0.84±0.03b
	W₃	165.92±4.31ef	8.37±0.08abc	3.43±0.13abc	0.91±0.01a
	W₄	152.55±3.79gh	8.47±0.11ab	3.22±0.01c	0.91±0.02a
F₃	W₁	177.00±4.43cd	7.74±0.13f	3.81±0.06ab	0.86±0.02ab
	W₂	179.89±5.16cd	8.18±0.06cde	3.91±0.03ab	0.86±0.04ab
	W₃	158.54±3.78fg	8.28±0.08bcd	3.34±0.29bc	0.90±0.02ab
	W₄	146.73±1.65h	8.28±0.04bcd	3.20±0.18c	0.92±0.02a
显著性检验（F 值）					
水分		1125.112**	373.364****	28.501*	23.436*
施肥		92.107*	67.727*	0.139	0.067
水分×施肥		2.380	1.053	0.735	0.423

生显著影响（$P<0.05$）；水肥交互作用对苹果单果质量、果实硬度、着色指数和果形指数的影响都不显著。

如表 7-1 所示，施肥一定的条件下，苹果单果质量总体表现为 $W_2>W_1>W_3>W_4$；灌水一定的条件下，苹果单果质量总体表现为 $F_1>F_2>F_3$，单果质量最大值出现在 F_1W_2 处理，最小值出现在低水低肥的 F_3W_4 处理，F_1W_2 比 F_3W_4 和 F_1W_1 分别增加了 34.4%和 3.8%，这说明轻度亏缺灌溉和增加施肥量有利于提高苹果单果质量。施肥一定的条件下，苹果果实硬度总体表现为 $W_4>W_3>W_2>W_1$；灌水一定的条件下，则总体表现为 $F_1>F_2>F_3$，硬度最大值出现在 F_1W_4 处理，最小值出现 F_3W_1 处理，F_1W_4 比 F_3W_1 增加了 10.8%，这说明亏水处理和增加施肥量有利于提高苹果果实硬度。不同水肥处理下水分对苹果着色指数和果形指数有明显的影响，着色指数基本表现为 $W_1>W_2>W_3>W_4$，果形指数则基本表现为 $W_4>W_3>W_2>W_1$，由此可以看出柱状苹果幼树果实着色指数和果形指数呈现为相反的变化趋势，增加灌水有利于提高苹果着色指数和降低其果形指数。

2. 水肥耦合对苹果品质化学指标的效应

表 7-2 是 2013 年不同水肥处理对苹果品质化学指标的影响。其中灌水对苹果维生素 C、可滴定酸和糖酸比产生了极显著的影响（$P<0.01$），对可溶性固形物和可溶性糖影响不显著；施肥对苹果维生素 C 和可溶性固形物产生了极显著的影响（$P<0.01$），对可溶性糖产生显著影响（$P<0.05$），对可滴定酸和糖酸比影响不显著；水肥交互作用仅对苹果维生素 C 和可溶性固形物产生显著影响（$P<0.05$）。

如表 7-2 所示，施肥一定的条件下，苹果维生素 C 含量总体表现为 $W_2>W_1>W_3>W_4$；灌水一定的条件下，苹果维生素 C 总体表现为 $F_1>F_2>F_3$，苹果维生素 C 最大值出现在 F_1W_2 处理，最小值出现在低水低肥的 F_3W_4 处理，F_1W_2 比 F_3W_4 增加了 18.5%，这说明轻度亏缺灌溉和增加施肥量有利于提高苹果维生素 C 含量。灌水对苹果可溶性固形物和可溶性糖影响不显著，故灌水一定的条件下，苹果可溶性固形物和可溶性糖总体表现为 $F_1>F_2>F_3$，高肥 F_1 处理比低肥 F_3 处理分别平均增加 8.7%和 10.3%，这说明增加施肥量有利于提高苹果果实可溶性固形物和可溶性糖的含量。施肥对苹果可滴定酸和糖酸比影响不显著，故施肥一定的条件下，苹果可滴定酸含量总体表现为 $W_1<W_2<W_3<W_4$，糖酸比总体表现为 $W_1>W_2>W_3>W_4$，充分供水 W_1 处理比重度亏缺 W_4 处理可滴定酸平均降低 19.9%，糖酸比平均增加 31.6%，这说明增加灌水量可降低苹果可滴定酸含量和提高苹果糖酸比，不同水肥处理下苹果可滴定酸含量与糖酸比呈相反的态势。

表 7-2　2013 年不同水肥处理对苹果品质化学指标的影响

施肥处理	水分处理	维生素 C/ $(mg \cdot 10^{-2} \cdot g^{-1})$	可溶性固形物/(%)	可溶性糖/(%)	可滴定酸/(%)	糖酸比
F_1	W_1	3.84±0.06ab	13.25±0.18a	11.12±0.15a	0.48±0.04f	23.24±1.75a
	W_2	3.90±0.04a	13.00±0.05a	11.01±0.13a	0.49±0.03ef	22.52±1.56ab
	W_3	3.77±0.06ab	12.62±0.28b	10.78±0.12ab	0.55±0.04cde	19.81±1.07cde
	W_4	3.72±0.04bcd	12.33±0.08b	10.50±0.41bc	0.62±0.02ab	17.10±1.25fgh
F_2	W_1	3.61±0.06cde	12.38±0.06b	10.32±0.15bcd	0.49±0.04ef	21.14±2.14abc
	W_2	3.75±0.05bc	12.31±0.01b	10.41±0.14bc	0.51±0.03def	20.44±0.86bcd
	W_3	3.59±0.10def	12.34±0.29b	10.41±0.25bc	0.59±0.10abc	17.65±0.10efg
	W_4	3.50±0.08ef	11.94±0.23c	9.90±0.16d	0.61±0.10ab	16.23±0.64gh
F_3	W_1	3.47±0.04ef	11.90±0.01c	9.91±0.05d	0.52±0.01def	19.05±0.42cdef
	W_2	3.57±0.04ef	11.86±0.13c	10.10±0.21cd	0.56±0.01bcd	18.05±0.83defg
	W_3	3.45±0.09f	11.90±0.18c	9.92±0.21d	0.60±0.02abc	16.68±0.93fgh
	W_4	3.29±0.08g	11.42±0.10d	9.45±0.13e	0.64±0.02a	14.88±0.28h
显著性检验（F 值）						
水分		65.348**	5.743**	6.416	59.857**	31.608**
施肥		704.005**	311.063**	42.983*	3.687	8.304
水分×施肥		6.584*	4.917*	0.729	2.086	3.045

7.4　水肥耦合对苹果幼树肥料偏生产力的效应

图 7-3 是 2013 年不同水肥处理对苹果幼树肥料偏生产力（PFP）的影响，其中灌水、施肥和水肥交互作用分别对苹果幼树 PFP 的影响都达到极显著水平（$P<0.01$，$F=2\,040.425$；$F=6\,090.588$；$F=150.295$）。

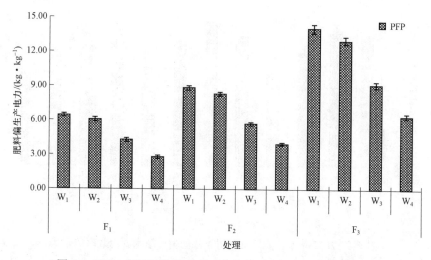

图 7-3　2013 年不同水肥处理对苹果幼树肥料偏生产力的影响

如图 7-3 所示，施肥一定的条件下，PFP 随着灌水量的增加而增加，总体表现为 $W_1>W_2>W_3>W_4$，充分供水 W_1 比其他亏水处理 W_2、W_3、W_4 肥料偏生产力分别平均增加 7.1%、52.2% 和 123.9%；施肥一定的条件下，PFP 随着施肥量的减少而增加，总体表现为 $F_3>F_2>F_1$，低肥 F_3 处理比高肥 F_1 和中肥 F_2 处理分别平均增加 115.0% 和 57.8%；水肥交互作用下 PFP 最大值出现在 F_3W_1 和 F_3W_2 处理，分别为 14.04 kg·kg^{-1} 和 12.97 kg·kg^{-1}，这说明高水低肥能够产生较高的肥料偏生产力。

7.5　水肥耦合对苹果幼树灌溉水利用效率的效应

图 7-4 是 2013 年不同水肥处理对苹果幼树灌溉水利用效率（IWUE）的影响，其中灌水对苹果 IWUE 的影响达到极显著水平（$P<0.01,F=484.410$）；施肥和水肥交互作用对苹果 IWUE 影响不显著。

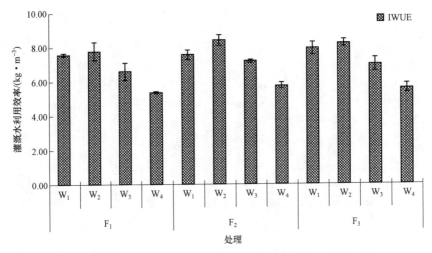

图 7-4　2013 年不同水肥处理对苹果幼树灌溉水利用效率的影响

如图 7-4 所示，施肥一定的条件下，IWUE 总体表现为 $W_2>W_1>W_3>W_4$，轻度亏缺灌溉处理 W_2 比充分供水 W_1 和重度亏缺灌溉处理 W_4 灌溉水利用效率分别平均增加 6.0%、45.9%。在水肥耦合条件下，IWUE 最大值基本上出现在 F_2W_2 处理，与 F_1W_1 相比，虽然产量减少了 7.5%，但耗水量却减少了 16.7%，IWUE 增加了 11.2%，这也说明高水高肥的 F_1W_1 处理并不能得到最佳的灌溉水利用效率，最佳的灌溉水利用效率出现在 F_2W_2 处理，F_2W_2 处理达到了节水、节肥的最佳水肥耦合模式。

7.6　水肥耦合条件下灌溉水利用效率
与水分生产率和叶片水分利用效率的关系

图 7-5 是 2013 年不同水肥处理下苹果幼树灌溉水利用效率与水分生产率和叶片水分利用效率（2013 年 4 个生育期叶片水分利用效率的平均值）间的相关关系。分析后得出苹果幼树 IWUE 与 CWP 和 LWUE 都呈较好的直线线性关系且决定系数 R^2 都在 0.8 以上（IWUE 和 CWP 间 $R^2 = 0.821$，IWUE 和 LWUE 间 $R^2 = 0.821$），这说明不同水肥处理下苹果幼树灌溉水利用效率和水分生产率及叶片水分利用效率密切相关，水分生产率和叶片水分利用效率都可以反映其灌溉水利用效率。

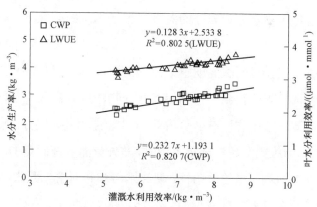

图 7-5　苹果幼树灌溉水利用效率与水分生产率和
叶片水分利用效率间的相关关系

第8章　水肥耦合对苹果土壤水分和养分分布规律的效应研究

　　节水灌溉条件下作物水肥综合运移规律及高效利用水肥的调控研究是当今农业水土工程、土壤学、植物营养学等学科研究的前沿。近些年来，国内外较多学者对作物水分和养分的关系进行了大量的研究，取得了许多研究成果。

　　有研究通过试验得到滴灌施肥条件下土壤水、硝态氮和磷分布规律并对番茄进行滴灌试验表明得到了作物根部营养物浓度和吸收率之间的关系；水肥耦合效应在节水节肥方面有显著成效，同时该技术也易于控制根区土壤中无机氮的含量；当施肥量超过一定范围时，淋失量随着施肥量的增加而增大；氮营养增强了作物对干旱的敏感性，使其水势和相对含水量大幅度下降，自由水含量增加而束缚水含量减少，改善作物的水分状况；有研究通过室内裸土试验与作物试验相结合，得到了地下滴灌条件下水氮吸收利用及其最佳技术要素。

　　磷对作物高产及保持品种的优良特性具有明显的作用。由于磷素与土壤之间能发生剧烈反应，土壤吸持和固定磷素的容量很大，磷素在土壤中很难移动。磷素在土壤中的含量较低，远远不能满足植物正常生长的需求，在碱性或酸性缺磷土壤上，其总磷量均很高，但能为植物所吸收利用的有效磷含量远远低于植物正常生长所需要的量。土壤水分增加有利于土壤溶液中磷的扩散，土壤水分充足时，土壤有效磷含量较高，随着土壤含水量下降，土壤有效磷含量则下降，全磷和有机磷含量则上升。虽然土壤干旱条件下氮磷均增大了玉米叶片的气孔导度，但氮对促进干旱条件下气孔开放的作用要显著大于磷的作用，土壤干旱条件下，氮磷均有增大玉米叶片光合速率的作用，但氮同时有减小光合的气孔和非气孔限制的作用，而磷提高干旱条件下的光合速率则主要以减小光合的非气孔限制为主。

土壤水分、氮磷含量和运移规律直接影响作物的健康生长。因此，为探明水肥耦合条件下苹果幼树土壤水分和养分分布规律，研究了不同水肥处理对苹果幼树土壤剖面水分运移、硝态氮运移，以及根区土壤硝态氮、有效磷的含量的影响，以期为干旱或半干旱地区苹果幼树土壤水分和养分分布规律提供理论基础。

8.1　水肥耦合对苹果幼树土壤剖面水分运移的效应

图 8-1 是 2013 年不同水肥处理对苹果幼树土壤剖面水分运移的影响（生育期内 5 次监测平均值）。从图 8-1 中可以看出，施肥一定的条件下垂直方向随着灌水量的增加，土壤水分向下运移加快、土壤含水率增大，表现为充分供水 W_1 处理下最高水分主要分布在土壤表层以下 50～80 cm，轻度亏缺 W_2 处理下最高水分主要分布在表层以下 40～70 cm，中度亏缺 W_3 处理下最高水分主要分布在表层以下 30～60 cm，重度亏缺 W_4 处理下最高水分主要分布在表层以下 10～40 cm，但由于苹果幼树主要根系分布在 50～80 cm，故在 W_1 和 W_2 水分处理下更有利于苹果幼树对水分和养分的吸收；施肥对土壤水分运移没有明显的影响，表现为 F_1、F_2、F_3 条件下土壤水分运移无明显差异；不同水肥处理下苹果幼树土壤表层以下 0～10 cm 受蒸发、光照等环境因素的影响，土壤含水率较低；水平方向 0～15 cm 土壤平均含水率总体要明显大于 15～25 cm 土壤平均含水率。

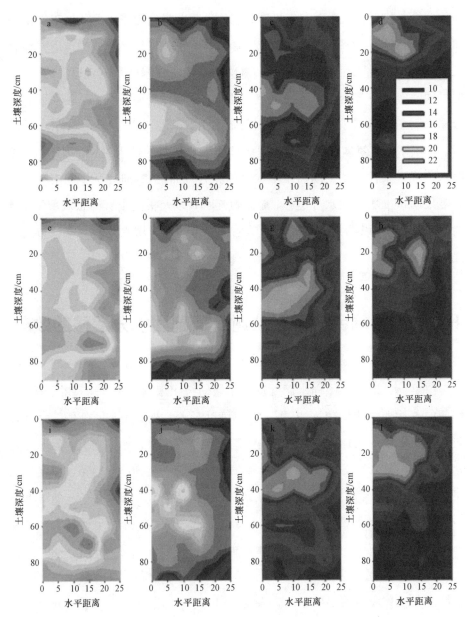

图 8-1　不同水肥处理对苹果幼树土壤剖面水分运移的影响

a, b, c, d=F_1（W_1, W_2, W_3, W_4）；e, f, g, h=F_2（W_1, W_2, W_3, W_4）；
i, j, k, l=F_3（W_1, W_2, W_3, W_4）

8.2　水肥耦合对苹果幼树土壤硝态氮变化和运移的效应

1. 水肥耦合对苹果幼树土壤硝态氮变化的效应

图 8-2 是 2012 年（第 1 次 6 月 9 日、第 2 次 7 月 30 日、第 3 次 9 月 19 日）不同水肥处理对苹果幼树根区土壤（40～60 cm）硝态氮含量的影响，其中灌水对第 1 次土壤硝态氮含量产生显著的影响（$P<0.05$，$F=29.433$），对第 2 次和第 3 次土壤硝态氮含量产生极显著影响（$P<0.01$，$F=159.149$；$P<0.01$，$F=78.401$）；施肥对 3 次土壤硝态氮含量都产生极显著影响（$P<0.01$，$F=137.496$；$P<0.01$，$F=108.023$；$P<0.01$，$F=185.09$）；水肥交互作用对第 1 次土壤硝态氮含量产生显著影响（$P<0.05$，$F=8.485$），对第 2 次和第 3 次土壤硝态氮含量产生极显著影响（$P<0.01$，$F=11.263$；$P<0.01$，$F=30.595$）。

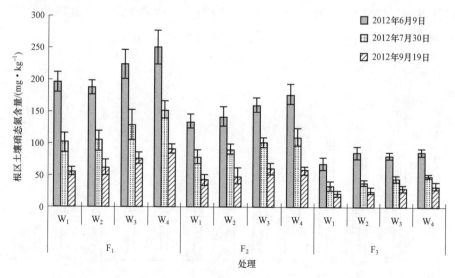

图 8-2　2012 年不同水肥处理对苹果幼树根区土壤硝态氮含量的影响

如图 8-2 所示，苹果幼树全生育期随着灌水和植株对氮素的吸收利用，土壤硝态氮含量明显降低。与重度水分亏缺 W_4 处理相比，增加灌水使第 1

次、第 2 次和第 3 次土壤硝态氮含量分别降低 9.9%～22.5%、12.0%～31.8%、9.3%～35.2%，这说明随着灌水的增加苹果幼树对土壤硝态氮吸收利用增加。与低肥 F_3 处理相比，增加施肥（高肥和中肥）使第 1 次、第 2 次和第 3 次土壤硝态氮含量分别增加 169.8% 和 92.9%、198.8% 和 132.4%、167.4% 和 93.9%。全生育期苹果幼树对土壤硝态氮的吸收利用是随着灌水的多少呈现为正相关的关系。

图 8-3 是 2013 年（第 1 次 6 月 5 日、第 2 次 7 月 26 日、第 3 次 9 月 16 日）不同水肥处理对苹果幼树根区土壤硝态氮含量的影响，其中灌水对第 1 次和第 2 次土壤硝态氮含量产生极显著影响（$P<0.01$，$F=50.755$；$P<0.01$，$F=34.387$），对第 3 次土壤硝态氮含量产生显著影响（$P<0.05$，$F=16.473$）；施肥对第 1 次和第 3 次土壤硝态氮含量产生极显著影响（$P<0.01$，$F=122.501$；$P<0.01$，$F=148.347$），对第 2 次土壤硝态氮含量产生显著影响（$P<0.05$，$F=92.042$）；水肥交互作用对第 2 次土壤硝态氮含量产生显著影响（$P<0.05$，$F=5.441$），对第 1 次和第 3 次土壤硝态氮含量影响不显著（$P=0.071$，$F=3.639$；$P==0.282$，$F=1.636$）。

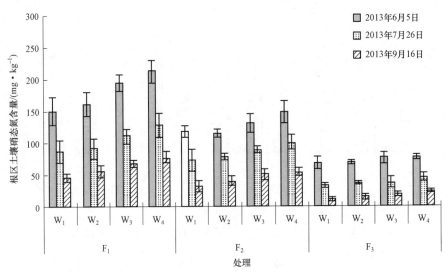

图 8-3 2013 年不同水肥处理对苹果幼树根区土壤硝态氮含量的影响

如图 8-3 所示，与低肥 F_3 处理相比，增加施肥（高肥和中肥）使第 1次、第 2 次和第 3 次土壤硝态氮含量分别增加 146.3%和 75.3%、171.8%和123.0%、246.4%和 151.5%。与重度水分亏缺 W_4 处理相比，增加灌水使第 1次、第 2 次和第 3 次土壤硝态氮含量分别降低 8.3%~23.3%、12.9%~29.9%、11.3%~41.1%，这同样说明随着灌水的增加苹果幼树对土壤硝态氮吸收利用增加。与 2012 年相比，高肥 F_1 处理下 3 次土壤硝态氮含量分别降低12.3%~22.9%、12.2%~15.3%、10.4%~15.0%；中肥 F_2 处理下 3 次土壤硝态氮含量分别降低 11.2%~18.3%、5.1%~12.8%、3.5%~22.1%；低肥 F_3处理下 3 次土壤硝态氮含量分别降低 3.3%~16.3%、3.1%~21.2%、26.5%~39.7%，这说明 2013 与 2012 年同样水肥处理条件下，苹果幼树各生育期都吸收了更多的土壤养分，造成土壤残留硝态氮明显比 2012 年更少。两年生育期结束后土壤残留硝态氮含量结果表明，施氮肥 20 g·株$^{-1}$（中氮肥）可以为苹果幼树正常生长提供足够的氮肥。

2. 水肥耦合对苹果幼树土壤剖面硝态氮运移的效应

图 8-4 是 2012 年 9 月 19 日和 2013 年 9 月 16 日不同水肥处理对苹果幼树土壤剖面硝态氮运移的影响。从图 8-4 中可以看出，随着施肥量的增加，土壤硝态氮含量增加，基本都表现为 $F_1 > F_2 > F_3$；随着灌水量的增加，土壤硝态氮含量逐渐减少，基本都表现为 $W_1 < W_2 < W_3 < W_4$，这说明灌水越多苹果幼树吸收的硝态氮越多。2012 年 9 月 19 日 0~90 cm 土壤硝态氮含量平均值 W_1 比 W_4 分别降低了 37.8%（F_1 高肥条件下）、33.9%（F_2 中肥肥条件下）、36.4%（F_3 低肥条件下）；2013 年 9 月 16 日 0~90 cm 土壤硝态氮含量平均值 W_1 比 W_4 分别降低了 41.0%（F_1 高肥条件下）、36.9%（F_2 中肥条件下）、25.2%（F_3 低肥条件下），这基本可以说明高肥条件下苹果幼树对硝态氮的吸收率要高于中肥和低肥条件。

随着整个生育期灌水后，表层土壤以下 0~20 cm 硝态氮含量较低，这说明硝态氮向上运移不明显，一般在 40 cm 硝态氮含量较高，这是因为施氮量主要集中在这个土层。随着土层深度的增加硝态氮随水向下运移比较明

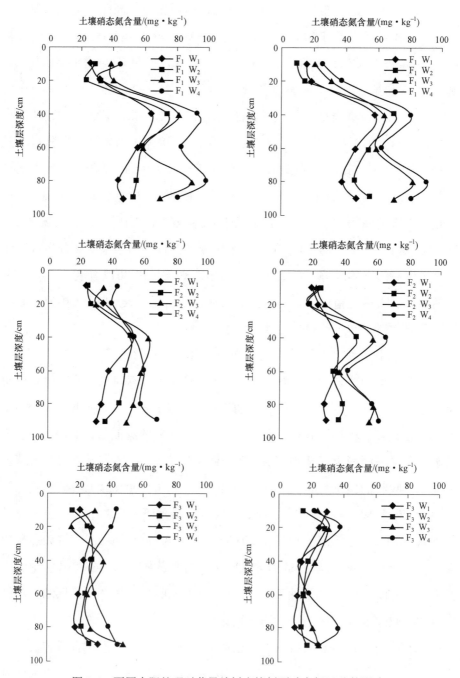

图 8-4 不同水肥处理对苹果幼树土壤剖面硝态氮运移的影响

显，但在苹果根系附近硝态氮量突然减少，这说明苹果根系吸收了附近大量的硝态氮以此来维持自身的生长。图中可以看出，40 cm、60 cm、80 cm 处硝态氮迅速减少，因为苹果根系在这个深度吸收了大量的养分，由此可以说明充分灌水 W_1 和轻度亏缺 W_2 处理下，苹果根系主要分布在 60～80 cm；中度亏缺 W_3 和重度亏缺 W_4 处理下，苹果根系主要分布在 40～60 cm。

8.3　水肥耦合对苹果幼树土壤有效磷变化的效应

图 8-5 是 2012 年（第 1 次 6 月 9 日、第 2 次 7 月 30 日、第 3 次 9 月 19 日）不同水肥处理对苹果幼树根区（40～60 cm）土壤有效磷含量的影响，其中灌水对第 1 次、第 2 次土壤有效磷含量影响不显著，对第 3 次土壤有效磷含量产生极显著影响（$P<0.01$，$F=115.173$）；施肥对第 2、第 3 次土壤有效磷含量产生极显著影响（$P<0.01$，$F=379.248$；$P<0.01$，$F=117.107$），对第 1 次土壤有效磷含量产生了显著的影响（$P<0.05$，$F=66.734$），水肥交互作用对土壤有效磷含量影响不显著。第 1 次、第 2 次测定结果表明，水肥调控第一年苹果幼树在正常生育期内，施肥量的多少决定了苹果幼树根区土壤有效磷含量的高低，土壤含水量和水分运移对其影响不大；在生育期结束前的第 3 次测定结果表明，水分对苹果幼树根区土壤有效磷含量影响极显著，且对其的影响已经高于施肥，这说明土壤水分的运移可以改变其根区土壤有效磷的含量。苹果幼树全生育期随着灌水和植株对磷肥的吸收利用，土壤有效磷含量明显降低，与低肥 F_3 处理相比，增加施肥（高肥和中肥）使第 1 次、第 2 次和第 3 次土壤有效磷含量分别增加 194.5%和 93.8%、163.1%和 56.5%、126.5%和 57.7%，全生育期苹果幼树对土壤磷肥的吸收利用是随着施肥量的多少呈现为正相关的关系。生育期结束前测定结果表明，在高中低（F_1、F_2、F_3）施肥条件下苹果幼树根区土壤有效磷含量分别为 111～140 mg·kg^{-1}、82～97 mg·kg^{-1}、44～71 mg·kg^{-1}，由此可以说明施磷肥 20 g·株$^{-1}$（中磷肥条件）可以为苹

苹果水肥高效利用理论与调控技术

果幼树正常生长提供足够的磷肥。

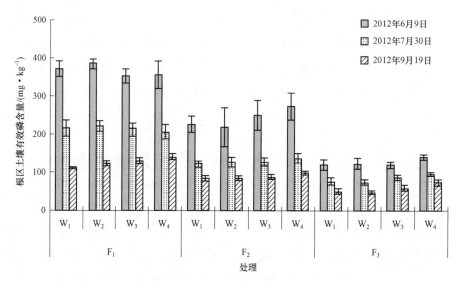

图 8-5　2012 年不同水肥处理对苹果幼树根区土壤有效磷含量的影响

图 8-6 是 2013 年（第 1 次 6 月 5 日、第 2 次 7 月 26 日、第 3 次 9 月 16 日）不同水肥处理对苹果幼树根区土壤有效磷含量的影响，其中灌水对第 1 次土壤有效磷含量影响不显著，对第 2 次、第 3 次土壤有效磷含量产生了

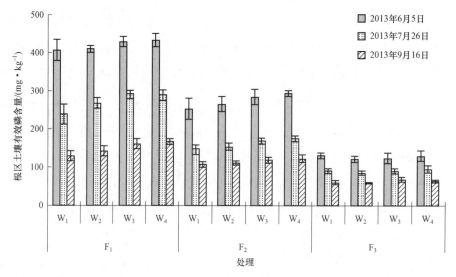

图 8-6　2013 年不同水肥处理对苹果幼树根区土壤有效磷含量的影响

极显著影响（$P<0.01$，$F=41.704$；$P<0.01$，$F=117.615$）；施肥对第 1 次、第 2 次土壤有效磷含量产生极显著影响（$P<0.01$，$F=4\,370.82$；$P<0.01$，$F=600.295$），对第 3 次土壤有效磷含量产生显著影响（$P<0.05$，$F=37.911$）；水肥交互作用仅对第 3 次土壤有效磷含量产生显著影响（$P<0.05$，$F=6.405$）。这说明水肥调控第二年土壤含水量高低和施肥量的多少都决定了苹果幼树根区土壤有效磷含量的高低，土壤含水量和水分运移对其影响也很明显。与重度水分亏缺 W_4 处理相比增加灌水使第 1 次、第 2 次和第 3 次土壤有效磷含量分别降低 2.4%～8.1%、1.8%～14.9%、2.8%～16.7%；与低肥 F_3 处理相比，增加施肥（高肥和中肥）使第 1 次、第 2 次和第 3 次土壤有效磷含量分别增加 232.2%和 116.7%、202.1%和 78.9%、136.8%和 80.9%，全生育期苹果幼树对土壤磷肥的吸收利用是随着灌水和施肥量的多少呈现为正相关的关系。生育期结束前测定结果表明，在高中低（F_1、F_2、F_3）施肥条件下苹果幼树根区土壤有效磷含量分别为 131～168 mg·kg^{-1}、106～122 mg·kg^{-1}、59～67 mg·kg^{-1}，由此可以说明施磷肥 10 g·株$^{-1}$（低磷肥条件）可以为苹果幼树正常生长提供足够的磷肥。

第9章　苹果幼树水肥耦合效应及高效利用机制结论与展望

9.1　主要结论

为了探寻干旱或半干旱地区苹果幼树生长的最佳供水供肥模式,结合大田试验和盆栽试验的优点,利用遮雨棚下大田蒸渗桶试验,研究了水肥耦合条件下苹果幼树生长指标、生理指标、耗水规律、土壤水肥运移规律、叶片水分利用效率、水分生产力、灌溉水利用效率和肥料偏生产力对不同水肥的响应机制,探明了苹果幼树对水肥耦合效应的响应规律和最佳水肥组合,为干旱或半干旱地区苹果幼树水肥耦合效应研究提供了一定的理论基础,对果农苹果幼树的种植具有一定的指导意义。本书通过苹果幼树对水肥的影响机制和高效利用研究,取得的主要结论如下。

（1）萌芽开花期至新梢生长期和果实膨大期至成熟期这两个阶段是苹果幼树需水需肥的关键时期,此时期控水控肥可有效的调控苹果幼树植株和基茎的生长。综合考虑, F_2W_2 水肥处理（土壤水分控制在 65%～75%田间持水量,施 N-P_2O_5-K_2O 分别为 20-20-10 g·株$^{-1}$）最有利于苹果幼树植株和基茎的生长以及叶面积和光合势的增大。

（2）苹果幼树冠层温度与其水分亏缺状况密切相关,冠层温度的高低可以反映自身水分亏缺状况,冠层温度—气温差与土壤含水量具有较好的负相关关系。苹果幼树叶片饱和含水率与相对含水率呈相反的变化趋势,相对含水率和饱和含水率可以反映其土壤水分的亏缺状况。苹果叶片脯氨酸含量随着灌水量的减少明显增加,随着施肥量的减少而减少;苹果叶片丙二醛的含量随着灌水量的减少呈梯度上升的趋势,与施肥量关系不大。苹果幼树叶片SPAD 含量在肥料不累积到一定程度的时候水分对其有主导作用,在肥料累积到一定程度的时候施肥对其有主导的作用。

（3）叶片水分利用效率（LWUE）最大值基本上出现在 F_2W_2 处理,高水高肥的 F_1W_1 处理（土壤水分在 75%～85%田间持水量,施 N-P_2O_5-K_2O 分别为 30-30-10 g·株$^{-1}$）并不能得到最大的 LWUE,与 F_1W_1 相比,2012年苹果幼树净光合速率（P_n）、蒸腾速率（T_r）、气孔导度（G_s）分别减少了18.8%、29.1%、23.2%,但 LWUE 却增加了 14.2%。2013 年苹果幼树 P_n、T_r、G_s 分别减少了 9.6%、15.5%、10.4%,但 LWUE 却增加了 6.5%;水分对苹果幼树 P_n、T_r、G_s、LWUE 的影响明显高于施肥对其的影响,一般 P_n、T_r、G_s 随土壤含水率和施肥量的增加而显著升高,且具有明显的日变化特征。

（4）2012 和 2013 年苹果幼树萌芽开花期、新梢生长期、坐果期、果实膨大期和成熟期耗水强度平均值分别为 4.6、5.3、6.2、7.8、4.4 mm·d^{-1} 和5.6、6.9、8.4、10.0、5.3 mm·d^{-1}。2012 和 2013 两年水分生产率（CWP）最大值基本上都出现在 F_2W_2 处理,与 F_1W_1 相比,虽然其干物质质量分别减小了 5.2%、2.3%,但耗水量却分别减小了 16.4%、16.7%,CWP 增加了13.4%、17.3%。

（5）苹果最高产量出现在 F_1W_1 水肥处理,但与 F_2W_2 水肥处理间差异不大;苹果产量与干物质量之间具有较强的相关性,二者呈现直线线性分布规律,相关性指数 $R^2 = 0.908\ 5$。增加灌水有利于提高苹果着色指数和降低其果形指数;轻度亏缺灌溉（F_2）和增加施肥量有利于提高苹果维生素 C 含量;灌水对苹果可溶性固形物和可溶性糖影响不显著,增加施肥量有利于提高苹果果实可溶性固形物和可溶性糖的含量;增加灌水量可降低苹果可滴定酸含量和提高苹果糖酸比，施肥对苹果可滴定酸和糖酸比影响不显著。

（6）水肥交互作用下肥料偏生产力最大值出现在 F_3W_1（低肥和充分供水组合）和 F_3W_2 处理（低肥和轻度亏缺水分组合），分别为 14.04 和 12.97 kg·kg^{-1}，高水低肥能够产生较高的肥料偏生产力。灌溉水利用效率（IWUE）最大值基本上出现在 F_2W_2 处理，与 F_1W_1 相比，虽然产量减少了 7.5%，但耗水量却减少了 16.7%，IWUE 增加了 11.2%，高水高肥的 F_1W_1 处理并不能得到最佳的 IWUE，最佳的 IWUE 出现在 F_2W_2 处理；不同水肥处理下苹果幼树灌溉水利用效率和水分生产率及叶片水分利用效率密切相关，水分生产率和叶片水分利用效率都可以反映其灌溉水利用效率。

（7）根据本书土壤剖面水分运移规律，W_1（充分供水）和 W_2（轻度亏缺）水分处理下更有利于苹果幼树对水分和养分的吸收；随着供水和施肥量的增加苹果幼树对土壤硝态氮和有效磷吸收利用增加。

（8）苹果幼树生长第二年施氮 20 g·株$^{-1}$、磷 20 g·株$^{-1}$，第三年继续施氮 20 g·株$^{-1}$、磷 10 g·株$^{-1}$ 可以为苹果幼树正常生长提供足够的磷肥。F_2W_2 处理（土壤水分控制在 65%～75% 田间持水量，施 N-P_2O_5-K_2O 分别为 20-20-10 g·株$^{-1}$）达到了节水、节肥的最佳水肥耦合模式。

9.2 展　望

果业不仅是我国农村经济的一大支柱产业，还是我国干旱半干旱地区乃至全国农民致富、增收的重要渠道。我国是一个人口大国，随着人口的急剧增长、社会经济的快速发展和人民生活水平的不断提高，人们对水果的需求量愈来愈大。但国内对果树的水肥耦合研究报道较少，对果树幼树的水肥耦合研究更少，幼树又是果树生长过程中必然经历的一个至关重要的阶段，幼树生长的优劣直接决定了将来挂果的数量、产量和品质，因此本书对苹果幼树进行水肥高效利用研究，确定了苹果幼树最佳水肥调控阀值，为干旱或半干旱地区苹果幼树水肥耦合效应研究提供了一定的理论基础,对果农苹果幼树的种植具有一定的指导意义。以下问题需要进一步研究。

（1）本研究只是针对苹果幼树进行了水肥耦合效应研究,但其他果树幼树的水肥调控阀值仍需进一步探讨。因此,需要进一步研究其他品种的果树幼树,以此来指导果农对果树幼树的种植。

（2）本研究在对苹果幼树进行第二年水肥调控处理时,幼树已经开花结果,本研究只研究了不同水肥处理下苹果幼树产量的差异,但幼树的产量与成龄果树仍有差异,因此,本研究苹果幼树的产量不足以代表成龄果树的产量。

（3）本研究设计创造了一系列的条件,目的是使种植环境尽量和大田环境一致,但为了使本研究结果能直接应用于果农苹果幼树的种植,仍需大面积推广实践。

第2篇　滴灌施肥下苹果幼树水肥耦合效应研究

第 10 章　滴灌施肥一体化下苹果幼树水肥耦合效应概述

10.1　研究背景和意义

我国水资源非常匮乏,人均水资源总量仅占世界平均水平的28%,灌水在田间作物实际生产中的浪费非常严重,造成了我国农田生产水分利用效率普遍很低。据统计我国农田的化肥利用率平均仅为 30%左右,化肥在农田生产中的浪费也十分严重。造成我国水肥利用率低的主要原因有两个:第一是过量灌溉,农业实际种植生产中大水漫灌方式还普遍存在,对农田造成了肥料大量流失和土壤侵蚀板结。第二是过量施肥,农民缺乏施肥知识,普遍存在高肥高产的意识,过量施肥不仅造成作物贪青晚熟,生长发育不正常,而且造成肥料浪费和成本增加,严重污染了环境,影响产品的品质和产量。目前在灌溉和施肥领域,以水促肥,以肥调水,两者相辅相成合理作用是种植作物获得高水肥效的最佳途径。

随着国民经济的发展,人们对水果的需求量日渐提高,果树作为经济作物是增加农民收入的重要途径,我国是世界最大的苹果生产国,从我国各地区优质苹果的种植面积来看,主要分布在光照资源丰富、年降水量 500 mm左右的北方半干旱地区,降水不足和不均匀是我国北方半干旱地区农业生产的主要限制因素，因此，在北方干旱或半干旱地区研究苹果节水灌溉制度，促进苹果稳产、高产具有重要的意义。传统的施肥方式或方法存在很大的盲目性，造成肥料大量的浪费和土地河流的污染，更缺乏水肥之间的协同效应或耦合效应，已经不能够满足现代农业发展的需求，直接影响作物的产量和经济效益，因此，寻求合理的施肥制度刻不容缓。

滴灌施肥一体化灌溉技术是提高水肥利用率节水节肥的最佳技术之一。现阶段在实际的农业生产中要优化灌溉和施肥制度，就要探寻采用什么样的灌溉和施肥方法来提高水肥利用效率，采用滴灌施肥一体化技术寻求最优的水肥耦合制度是非常好的方法。近年来国内外学者采用滴灌施肥一体化技术对果树水肥制度和耦合效应的研究主要集中在成龄挂果果树上，对幼树的研究较少，原因是幼树基本不结果难以反映最终的产量和经济效益，研究较为困难，但幼树是果树生长至关重要的阶段，决定了果树未来长势的优劣和挂果的多少。

因此，本书研究力求改变传统的苹果灌溉和施肥模式，利用现代的滴灌施肥一体化技术，探索北方半干旱地区苹果幼树的不同水肥供应模式对生长发育状态、根区水分有效性、水分的吸收、干物质积累，特别是水分利用效率和水分生产率的影响机制和效应，揭示精量的滴灌施肥一体化方法在不减少幼树干物质积累，提高水分利用效率的情况下而大量节省水肥消耗的水肥耦合效应和可能实现的有效途径，达到通过改变不同的滴灌溉量和施肥量，实现最大限度地提高水分生产率的目的，提出苹果幼树水肥同步高效利用的最佳灌溉施肥制度，以及相应的灌溉施肥技术参数，对半干旱地区果农苹果幼树的种植具有重要的现实意义。

10.2 国内外研究现状

10.2.1 滴灌施肥一体化技术应用与研究状况

滴灌施肥一体化技术（见图 10-1）是一种节水节肥灌溉技术，可以根据作物生长发育的需求和各生育期的需求量进行精量灌溉和施肥,从而大幅提高作物的水肥利用效率。美国农业生产中,60%的马铃薯、25%的玉米、32.8%的果树都采用水肥一体化技术;以色列在节水灌溉领域处于世界前列,90%以上的农业生产已实现滴灌施肥一体化技术的应用。目前发达国家已广泛采用滴灌施肥一体化技术,在干旱和缺水的国家发挥了重要作用,与发达国家相比我国滴灌施肥一体化技术的应用目前还处于初步发展阶段。据不完全统计,我国的滴灌施肥一体化技术应用只占灌溉面积的 2.87%,因此,滴灌施肥一体化技术在我国有广阔的应用空间,发展前景非常好。

图 10-1　作物滴灌施肥一体化

国外对作物滴灌施肥一体化研究有较多的报道,主要表现为利用现代的滴灌施肥一体化技术,有利于提高作物水肥利用效率、产量和品质的技术。目前国内对滴灌施肥一体化的研究则主要集中在设施大棚中经济价值较高的作物上,有研究表明灌水和施肥均对番茄的产量和水肥利用效率产生了显著的影响;滴灌条件下,氮肥和磷肥各减少施肥 20%有利于黄瓜的生长发育和提高其产量和品质;滴灌施肥时机对蔬菜产量有显著影响,在蔬菜需水中期采用滴灌施肥一体化处理的水肥利用效率均高于前期和后期水肥一体化处理;温室辣椒的生长可以随施氮量的增加而增加,但过量的施肥不利于辣椒的吸收和利用,在中水中肥条件下可以较好的提高了辣椒的生长指标、叶绿素含量和产量,施肥对辣椒干物质量的影响高于灌水处理,在适宜的施肥条件下 75%参考作物蒸发蒸腾量的灌水处理可以获得较高的水分利用效率；在滴灌施肥条件下减少氮肥 20%的施用可以提高草莓的偏肥生产力和产量效益；在设施番茄栽培中应用滴灌施肥一体化技术，可节水节肥 40%以上，不但使产量增加了 15%而且增加了收益（20%以上），也大大提高了温室番茄的品质和水肥利用效率。

10.2.2　作物水肥耦合效应研究状况

灌溉和施肥是作物生长发育的两大关键条件,作物生长在水肥的影响下存在着耦合效应,而同种作物在不同水肥耦合条件下生长发育状况又有着不同的差异,水和肥之间存在着相互促进、密切相关的联系。因此,农业生产中研究作物的水肥耦合效应,探寻水和肥料间的耦合效应关系,促进其水肥生产和优化水肥制度具有重要意义。

近年来国内外学者对水肥耦合效应进行了一些研究,但主要集中在小麦、玉米、番茄、黄瓜等粮食作物或蔬菜上。有研究表明合适的灌水和施肥量能够提高小麦的品质和水肥分利用效率,过多的灌水和施氮量反而降低了小麦的品质;玉米在水肥耦合条件下,灌水对玉米生长发育的影响要大于施肥,产量和 WUE 随灌水和施肥量的增加表现为先增加后降低的趋势;灌水量和施肥量对番茄产量的影响显著,在施肥水平较低时,灌溉对番茄产量的影响较低,灌水量越高影响越大;施用番茄最大施肥量和 80%灌水量可获得最高的产量;在最大或接近最大施肥量时,灌水效果更显著,其中最小的灌溉水量和最大的施肥量可以获得最高的水分利用效率,产量和水分利用效率综合最大值可在最大施肥量和 60%~70%的充分供水时获得;黄瓜 P_n 和干物质量随灌水和施肥量的增加而增加;黄瓜植株生长指标随灌水量的增加而提高,随施肥量的增加先升高后降低;黄瓜在生育中前期叶绿素含量随施肥量的增加而增加,生育后期影响不显著;黄瓜的品质随灌水量的增加而下降,随施肥量的增加而提高;不同灌水量和施氮量对玉米和黄瓜营养生长、产量和品质性状均有显著影响，玉米参照 50%蒸发蒸腾量的灌水量，黄瓜 100%的蒸发蒸腾量的灌水量，以及 125%的参照施氮量，更有利于其生长发育和提高果实品质。

10.2.3　果树水肥耦合效应研究状况

国内外学者对果树水肥耦合效应的研究主要集中在成龄挂果果树上，而关于果树幼树水肥耦合效应的国内外报道尚且较少。有研究表明灌水下限在 70%田间持水量时梨树根系活力最强有利于其生长发育，此时梨树果实产量也有提高，梨树的最终产量并不是随着灌水量的增加而一直增加，一定条件下合理的亏缺灌溉可以提高梨的品质；增加灌水量和施肥量可以提高苹果单果重、产量和果实品质，但超出一定的范围后对其影响并不显著，高水高肥耦合条件下并不能获得最高的水肥利用效率和最佳的经济效益；油桃新梢生长量随灌水量的增加而增加，不同水肥耦合处理对叶绿素 SPAD 产生了极显著的影响，油桃在水肥的关键生育期即果实膨大期叶绿素 SPAD 差异最大；适度的水分亏缺可以促进油桃的果实产量和提高其水分利用效率，合理的施肥可以促进其偏肥料生产力；葡萄生长并不是完全随水肥的增加而提高，适度的水肥供应有利于促进葡萄植株新梢的生长和提高葡萄叶片叶绿素含量，更有利于提高葡萄果实产量和品质。

国外有研究表明果园缺水和营养缺乏是热带柑橘产量低和产量下降的主要原因，所有滴灌施肥处理较传统灌溉和施肥均有较高的植株生长量和果实产量，适宜的滴灌和施肥量可以明显提高柑橘的产量、灌水利用效率和肥料利用效率；采用滴灌施肥较传统灌溉和施肥可以提高椰子的生产力，同时保证更高的水分、养分利用效率和经济效益；适度的水分亏缺处理可以提高石榴的可溶性固形物等其他品质指标；与 100%灌水量相比，50%和 75%的实际灌水量提高了石榴果实的果汁百分比和成熟度指数，降低了可滴定酸度。

10.3　研究内容和技术路线

10.3.1　研究内容

（1）滴灌施肥一体化策略（滴灌水量、滴灌施肥量）对苹果幼树生长和生理特性的影响

① 研究不同滴灌施肥一体化策略对苹果幼树生长动态（植株生长量、基茎生长量、新梢生长量、干物质积累和叶面积）的影响。

② 研究不同滴灌施肥一体化策略对苹果树生理特性（SPAD、P_n、T_r、G_s）的影响。

（2）苹果幼树最佳滴灌施肥一体化指标和供水供肥模式

① 以不同水肥条件下苹果幼树最优水分利用效率为依据，提出适合苹果幼树种植的最佳水肥一体化指标。

② 以不同水肥条件下苹果幼树最优水分生产率为依据，提出适合苹果幼树种植的最佳供水供肥模式。

（3）苹果幼树关键指标与其他指标间的相关关系

① 分析苹果幼树生长指标与其他指标间的相关关系，探寻苹果幼树生长指标和生理指标间是否具有较好的相关关系。

② 分析苹果幼树净光合指标和干物质质量与其他指标间的相关关系，探寻苹果幼树光合产物和产出量与其他指标间是否具有较好的相关关系。

10.3.2　技术路线

本书研究滴灌施肥下苹果幼树水肥耦合效应，主要从苹果幼树的生长特性和生理特性，以及相关关系方面进行研究，从而探寻水肥耦合条件下苹果幼树最佳的水分利用效率和水分生产率，旨在提出苹果幼树种植的最佳供水

供肥模式，指导果农苹果幼树的种植，具体技术路线图见图 10-2。

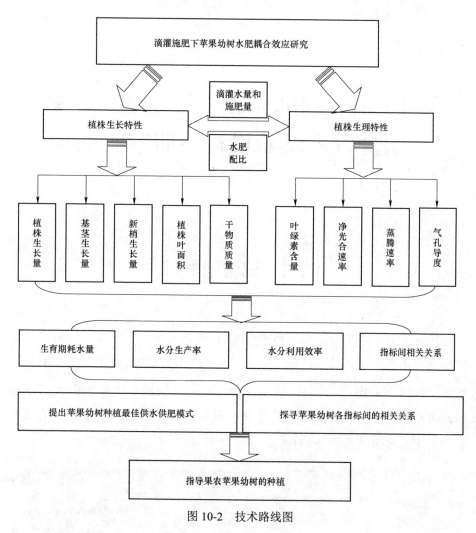

图 10-2　技术路线图

第11章 滴灌施肥下苹果幼树水肥耦合效应试验设计与研究方法

11.1 试验地概况

试验于 2019 年 3 月—2020 年 10 月在河南科技大学农业工程实验中心田间试验地进行（北纬 34°66′，东经 112°37′），该区域属于半湿润半干旱地区，海拔 172 m，年平均气温 12～15 ℃，年平均降水量为 600 mm 左右，降雨多集中在 7、8、9 三个月，年平均蒸发量为 1 200 mm，无霜期为 218 天，年平均日照时数为 2 291.6 h。

图 11-1 试验地场景

图 11-1　试验地场景（续）

试验采用桶栽方式进行，供试土壤为褐土，每桶装土 30 kg（土壤自然干燥后磨细过 5 mm 筛），装土容重 1.31 g/cm³，土壤理化性质为：硝态氮质量比为 16.4 mg/kg，铵态氮质量比为 8.3 mg/kg，有效磷质量比为 13.2 mg/kg，速效钾质量比为 198 mg/kg，pH 为 8.03，田间持水率为 24.1%（质量含水率）。供试果树为 4 年生红富士苹果树，苹果幼树于 2019 年 3 月 20 日和 2020 年 3 月 21 日开始水肥处理。

11.2　试验设计

试验采用滴灌方式进行，设灌水和施肥 2 因素，其中灌水设 4 个水平，施肥设 3 个水平，试验进行完全组合设计，共 12 个处理，3 次重复，每年选取 36 株长势和大小均一的桶栽苹果幼树，果园定期进行病虫害防治。试验处理如表 11-1 所示，氮、磷、钾肥分别为尿素、磷酸氢二铵和硫酸钾，肥料一次性随水施入。采用取土烘干法控制其土壤水分含量（降雨时搭建临时遮雨棚）。

2019 年各生育期为：萌芽开花期（3 月 20 日—4 月 18 日）、新梢生长期（4 月 19 日—5 月 18 日）、坐果膨大期（5 月 19 日—6 月 17 日）、成熟期

（6月18日—7月17日）。2020年各生育期为：萌芽开花期（3月21日—4月19日）、新梢生长期（4月20日—5月19日）、坐果膨大期（5月20日—6月18日）、成熟期（6月19日—7月18日）。

表 11-1　试验处理

施肥处理	灌水处理			
	W_1（充分灌水）	W_2（轻度亏缺）	W_3（中度亏缺）	W_4（重度亏缺）
F_1（高肥，N、P_2O_5、K_2O 与风干土质量比分别为 0.9、0.3、0.3 g/kg）	灌水上限（90%F_s）灌水下限（75%F_s）	灌水上限（80%F_s）灌水下限（65%F_s）	灌水上限（70%F_s）灌水下限（55%F_s）	灌水上限（60%F_s）灌水下限（45%F_s）
F_2（中肥，N、P_2O_5、K_2O 与风干土质量比分别为 0.6、0.3、0.3 g/kg）				
F_3（低肥，N、P_2O_5、K_2O 与风干土质量比分别为 0.3、0.3、0.3 g/kg）				

注：F_s 为田间持水率。

11.3　测定项目及方法

11.3.1　植株生长量和基茎生长量的测定

用钢卷尺测定苹果幼树植株生长量（株高），从基砧部开始至树体最高点，每个生育期最后一天测定一次，两次测定的差值即为该生育期的植株生长量（cm）。用电子游标卡尺测定植株标记根部基茎的生长量（茎粗），采用十字交叉法测定，取平均值。

11.3.2　植株叶面积的测定

单片叶面积采用手持叶面积仪，每个生育期最后一天测定，测定时随机选取树体不同方位的 10 片叶子取平均值。

$$植株叶面积（m^2/株）=单片叶面积×叶片总数 \qquad (11\text{-}1)$$

11.3.3　叶绿素 SPAD 值的测定

采用便携式叶绿素仪测定叶绿素 SPAD 值，测定时每株随机选取 10 片苹果取叶片取平均值。

11.3.4　光合特性测定及水分利用效率计算

光合特性的测定采用光合测定仪，在苹果需水关键的坐果膨大期（2019年 6 月 10 日和 2020 年 6 月 10 日）上午 10:00 测定，每个处理选取 5 片健康叶子取平均值。测定指标包括：光合速率（P_n）、蒸腾速率（T_r）和气孔导度（G_s）。

光合速率、蒸腾速率和气孔导度日变化（2020 年 6 月 18 日）从上午 8点开始到下午 6 点结束，每隔两小时测定一次，测定时标记好每株苹果幼树的 3 片叶子取平均值。

叶片水分利用效率（WUE，$\mu mol/mmol^{-1}$）计算公式为

$$WUE=\frac{P_n}{T_r} \qquad (11\text{-}2)$$

11.3.5　干物质量测定及耗水量和水分生产率计算

将幼树整株放入 105 ℃的干燥箱内杀青后 75 ℃烘干至恒重，采用百分之一的电子天平测定苹果幼树植株的干物质量。

作物耗水量计算式为：

$$ET=P_r+U+I-D-R-\Delta W \qquad (11\text{-}3)$$

式中，ET—作物耗水量，P_r—降水量，U—地下水补给量，I—灌水量，R—径流量，D—深层渗漏量，ΔW—生育期土壤水分变化量。

由于采用临时遮雨棚及桶栽种植，故 P_r、U、R 和 D 均忽略不计，式（11-3）

简化为：

$$ET = I - \Delta W \qquad (11\text{-}4)$$

作物水分生产率（kg/m³）反映作物产出量与其耗水量间的关系，可定义为：

$$CWP = \frac{D_m}{ET} \qquad (11\text{-}5)$$

式中　CWP—水分生产率，D_m—干物质量。

11.4　数据处理

采用 Office 工具对数据进行整理和画图，采用 SPSS Statistics 19.0 统计软件进行方差分析和显著性检验。

第12章 水肥耦合对苹果幼树生长和生理特性的影响

12.1 水肥耦合对苹果幼树不同生育期植株生长量的影响

水肥处理对苹果幼树不同生育期植株生长量的影响如表 12-1 和表 12-2 所示,两年中不同灌水处理对苹果幼树成熟期植株生长量产生了显著影响($P<0.05$),对其他生育期均产生极显著影响($P<0.01$);2019 年不同施肥处理对各生育期植株生长量均产生显著影响($P<0.05$),2020 年不同施肥处理对新梢生长期影响不显著,对其他生育期产生了显著影响($P<0.05$);两年中水肥交互作用对萌芽开花期和成熟期植株生长量均产生极显著影响($P<0.01$),2019 年对新梢生长期产生显著影响($P<0.05$),对坐果膨大期影响不显著,2020 年对新梢生长期和坐果膨大期影响均不显著;两年中灌水和施肥处理均对苹果幼树全生育期植株生长量均产生极显著影响($P<0.01$),2019 年水肥交互作用对全生育期产生极显著影响($P<0.01$),2020 年水肥交互作用仅产生显著影响($P<0.05$)。

表 12-1　水肥处理对苹果幼树不同生育期植株生长量的影响（2019 年）

施肥处理	灌水处理	萌芽开花期	新梢生长期	坐果膨大期	成熟期	全生育期
F₁	W₁	10.2±0.8ab	14.5±0.9ab	11.8±1.3ab	7.4±1.1ab	43.8±4.2ab
	W₂	10.9±1.4a	15.4±1.0a	13.1±1.1a	7.6±1.1a	47.0±4.7a
	W₃	8.6±1.60abc	14.0±0.5abc	10.8±1.6abc	6.9±0.8ab	40.1±4.5abc
	W₄	6.9±0.8cd	12.6±0.3bcd	9.1±0.9bcd	5.7±0.4abcd	34.2±2.7bcd
F₂	W₁	8.4±1.4abc	14.0±0.6abc	10.4±0.9abc	6.7±1.2abc	39.4±4.1abc
	W₂	8.8±1.3abc	15.0±0.6a	11.3±1.9abc	7.2±1.7ab	42.3±5.4ab
	W₃	7.7±1.7bcd	13.4±0.5abcd	9.8±0.9bc	4.9±1.1bcd	35.7±4.2bc
	W₄	7.1±1.6cd	12.0±0.5cde	8.9±1.1cd	4.3±0.9cd	32.1±4.1cd
F₃	W₁	7.6±1.0bcd	14.0±0.4abc	9.8±0.8bc	5.8±1.1abcd	37.2±3.3abc
	W₂	7.2±0.9bcd	12.3±1.6cd	9.4±0.7bc	5.6±1.4abcd	34.4±4.7bcd
	W₃	6.7±1.0cd	11.5±1.5de	8.9±0.4cd	3.9±0.4d	30.9±3.2cd
	W₄	5.1±1.0d	10.1±1.0e	6.4±1.1d	3.8±0.5d	25.4±3.5d
显著性检验（F 值）						
灌水		106.589**	64.992**	259.133**	17.126*	120.340**
施肥		42.120*	27.477*	34.951*	46.356*	274.284**
灌水×施肥		9.770**	5.779*	4.159	9.892**	17.119**

注：*表示差异显著（$P<0.05$），**表示差异极显著（$P<0.01$）；同列数字后不同字母表示 $P<0.05$ 水平差异显著，下同。

表 12-2　水肥处理对苹果幼树不同生育期植株生长量的影响（2020 年）

施肥处理	灌水处理	萌芽开花期	新梢生长期	坐果膨大期	成熟期	全生育期
F₁	W₁	12.4±1.0ab	17.1±1.1abc	14.8±1.6ab	9.3±1.3a	53.6±5.1ab
	W₂	13.6±1.1a	18.1±1.2a	16.1±1.4a	9.6±1.3a	57.3±4.9a
	W₃	10.8±1.8abcd	16.6±0.7abc	13.8±1.9ab	8.9±0.9ab	50.0±5.4abc
	W₄	9.1±1.0cd	15.3±0.5abc	12.4±1.1bc	5.6±0.6abc	44.2±3.2bcd
F₂	W₁	10.7±1.6abcd	16.7±0.8abc	13.4±1.2ab	8.7±1.3abc	49.3±4.9abc
	W₂	11.2±1.3abc	17.6±0.9ab	14.2±2.2ab	9.2±1.8a	52.2±6.2abc
	W₃	10.0±1.9bcd	16.0±0.7abc	12.7±1.2ab	7.0±1.1abc	45.7±4.9abcd
	W₄	9.4±1.8bcd	14.6±0.7bcd	11.8±1.3bc	6.3±1.1bc	42.0±4.9bcd
F₃	W₁	10.0±1.0bcd	16.6±0.6abc	12.9±1.1ab	7.8±1.3abc	47.3±3.9abc
	W₂	9.4±1.1bcd	14.9±1.8bc	12.4±1.0bc	7.6±1.6abc	44.3±5.5bcd

续表

施肥处理	灌水处理	萌芽开花期	新梢生长期	坐果膨大期	成熟期	全生育期
F₃	W₃	9.0±1.2cd	14.1±1.7cd	11.8±0.6bc	5.9±0.5c	40.8±4.0cd
	W₄	7.9±0.5d	11.8±2.6d	9.2±1.6c	6.1±0.4bc	34.9±5.0d
显著性检验（F 值）						
灌水		42.650**	74.118**	233.968**	13.324*	183.922**
施肥		24.068*	13.167	56.837*	43.670*	357.658**
灌水×施肥		13.733**	3.353	3.091	10.017**	8.557*

从表 12-1 和表 12-2 可以看出，灌水量相同时，苹果幼树植株生长量随施肥量的增加而增加，表现为 $F_1>F_2>F_3$；施肥量相同时，在 F_1 和 F_2 施肥处理下，表现为 $W_2>W_1>W_3>W_4$，在 F_3 施肥处理下，表现为 $W_1>W_2>W_3>W_4$，这说明在一定区间施肥量下，轻度的亏缺灌溉反而更有利于苹果幼树植株的生长，但在低肥条件下依旧表现为随灌水量的增加而增加。

两年中不同水肥处理下苹果幼树各生育期植株生长量最大值均出现在 F_1W_2 处理，2019 年分别为 10.9 cm、15.4 cm、13.1 cm、7.6 cm，较高水高肥的 F_1W_1 处理分别增加了 6.9%、6.2%、11.0%、2.7%，最小值均出现在 F_3W_4 处理，分别为 5.1 cm、10.1 cm、6.4 cm、3.8 cm，最大最小差值分别为 5.8 cm、5.3 cm、6.7 cm、3.8 cm，依次为坐果膨大期＞萌芽开花期＞新梢生长期＞成熟期；2020 年分别为 13.6 cm、18.1 cm、16.1 cm、9.6 cm，较 F_1W_1 处理分别增加了 9.7%、5.8%、8.8%、3.2%，最小值基本都出现在 F_3W_4 处理，分别为 7.9 cm、11.8 cm、9.2 cm、5.9 cm，最大最小差值分别为 5.7 cm、6.3 cm、6.9 cm、3.7 cm，依次为坐果膨大期＞新梢生长期＞萌芽开花期＞成熟期，这说明水肥耦合条件下苹果幼树坐果膨大期对水肥需求更为明显，此时期控水控肥对植株生长量的影响最大。

2019 年在 F_1、F_2 和 F_3 条件下，苹果幼树全生育期植株生长总量分别为 165.1 cm、149.5 cm、127.8 cm，F_2 和 F_3 分别比 F_1 减少了 9.4% 和 22.6%；在 W_1、W_2、W_3 和 W_4 条件下，植株生长总量分别为 120.3 cm、123.7 cm、106.7 cm、91.7 cm，W_2 和 W_1 处理差异不大，比 W_1 处理增加了 2.8%，W_3

和 W_4 处理分别比 W_1 处理减少了 11.3%和 23.8%；2020 年在 F_1、F_2 和 F_3 条件下，植株生长总量分别为 205.1 cm、189.2 cm、167.3 cm，F_2 和 F_3 分别比 F_1 减少了 7.8%和 18.4%；在 W_1、W_2、W_3 和 W_4 条件下，植株生长总量分别为 150.2 cm、153.8 cm、136.5 cm、121.1 cm，W_2 和 W_1 处理差异不大，比 W_1 处理增加了 2.4%，W_3 和 W_4 处理分别比 W_1 处理减少了 9.1%和 19.4%。

12.2 水肥耦合对苹果幼树不同生育期基茎生长量的影响

水肥处理对苹果幼树不同生育期基茎生长量的影响如表 12-3 和表 12-4 所示，两年中不同灌水处理对基茎生长量均产生了极显著的影响（$P < 0.01$）；2019 年不同施肥处理对新梢生长期、坐果膨大期和全生育期基茎生长量产生了极显著影响（$P < 0.01$），对萌芽开花期和成熟期产生了显著影响（$P < 0.05$），2020 年不同施肥处理对萌芽开花期、坐果膨大期和全生育期基茎生长量产生了极显著影响（$P < 0.01$），对新梢生长期和成熟期产生显著影响（$P < 0.05$）；2019 年水肥交互作用对萌芽开花期、坐果膨大期和全生育期基茎生长量均产生了极显著影响（$P < 0.01$），对新梢生长期产生显著影响（$P < 0.05$），对成熟期影响不显著，2020 年水肥交互作用仅对坐果膨大期产生了极显著影响（$P < 0.01$），对其他生育期和全生育期影响均不显著。

表 12-3　水肥处理对苹果幼树不同生育期基茎生长量的影响（2019 年）

施肥处理	灌水处理	萌芽开花期	新梢生长期	坐果膨大期	成熟期	全生育期
F_1	W_1	1.76±0.16ab	1.99±0.17a	2.33±0.11ab	2.48±0.16a	8.55±0.61ab
	W_2	1.82±0.18a	2.10±0.16a	2.46±0.18a	2.52±0.15a	8.90±0.67a
	W_3	1.49±0.25abcd	1.70±0.12abc	1.88±0.04de	2.03±0.08cd	7.10±0.50bcd
	W_4	1.11±0.18cd	1.27±0.18d	1.50±0.17f	1.65±0.09e	5.52±0.62ef

续表

施肥处理	灌水处理	萌芽开花期	新梢生长期	坐果膨大期	成熟期	全生育期
F₂	W₁	1.68±0.21ab	1.95±0.08ab	2.25±0.11abc	2.35±0.14ab	8.23±0.54abc
	W₂	1.71±0.28ab	1.98±0.23ab	2.30±0.16ab	2.41±0.11ab	8.39±0.78ab
	W₃	1.38±0.28abcd	1.55±0.20bcd	1.92±0.10cde	1.97±0.12cd	6.82±0.69cde
	W₄	0.98±0.21de	1.19±0.14d	1.40±0.16fg	1.62±0.04e	5.19±0.47f
F₃	W₁	1.59±0.20abc	1.90±0.13ab	2.06±0.15bcd	2.23±0.08abc	7.78±0.56abc
	W₂	1.64±0.21ab	1.89±0.13ab	2.11±0.17bcd	2.14±0.18bc	7.77±0.69abc
	W₃	1.25±0.19bcd	1.36±0.18cd	1.72±0.09ef	1.76±0.19ef	6.08±0.64def
	W₄	0.59±0.22e	0.72±0.30e	1.13±0.22g	1.32±0.09f	3.75±0.83g
显著性检验（F 值）						
灌水		567.356**	366.709**	171.566**	161.176**	1522.106**
施肥		52.703*	191.480**	160.429**	64.640*	420.713**
灌水×施肥		18.635**	6.341*	9.600**	1.350	9.594**

表 12-4 水肥处理对苹果幼树不同生育期基茎生长量的影响（2020 年）

施肥处理	灌水处理	萌芽开花期	新梢生长期	坐果膨大期	成熟期	全生育期
F₁	W₁	2.01±0.16a	2.18±0.18ab	2.74±0.16a	2.62±0.19a	9.54±0.70a
	W₂	1.93±0.12ab	2.28±0.16a	2.63±0.13ab	2.72±0.18a	9.55±0.59a
	W₃	1.66±0.13bc	1.83±0.05bcd	2.16±0.08cd	2.15±0.09cde	7.79±0.35bcd
	W₄	1.26±0.10de	1.46±0.19e	1.78±0.16e	1.81±0.03fg	6.31±0.47ef
F₂	W₁	1.90±0.13ab	2.14±0.10ab	2.59±0.18ab	2.47±0.15abc	9.10±0.54ab
	W₂	1.84±0.11abc	2.17±0.11ab	2.52±0.14abc	2.57±0.16ab	9.10±0.52ab
	W₃	1.53±0.14cd	1.68±0.13cde	2.21±0.11cd	2.06±0.07def	7.48±0.45cde
	W₄	1.15±0.09ef	1.36±0.13ef	1.70±0.16ef	1.71±0.05gh	5.91±0.43fg
F₃	W₁	1.75±0.08abc	1.93±0.06abc	2.38±0.20abc	2.27±0.11bcd	8.33±0.45abc
	W₂	1.69±0.06bc	1.97±0.13abc	2.33±0.17bcd	2.26±0.18bcd	8.24±0.55abc
	W₃	1.32±0.16de	1.49±0.25de	2.01±0.10de	1.84±0.12efg	6.65±0.62def
	W₄	0.94±0.22f	1.05±0.23f	1.42±0.21f	1.49±0.23h	4.89±0.90g
显著性检验（F 值）						
灌水		642.397**	386.919**	205.757**	228.072**	1654.232**
施肥		950.953**	91.244*	129.029**	79.433*	154.293**
灌水×施肥		0.495	0.606	33.803**	0.597	0.374

从表 12-3 和表 12-4 可以看出，两年中灌水量相同时，苹果幼树基茎生长量随施肥量的增加而增加，表现为 $F_1>F_2>F_3$；施肥量相同时，基茎生长量基本随灌水量的增加而增加，但轻度亏缺灌溉 W_2 与充分供水 W_1 间差异不大，总体表现为 $W_1≈W_2>W_3>W_4$，这说明在一定区间施肥量下，轻度的亏缺灌溉并不影响苹果幼树基茎的生长。

2019 年苹果幼树各生育期基茎生长量最大值均出现在 F_1W_2 处理，分别为 1.82 mm、2.10 mm、2.46 mm、2.52 mm，较 F_1W_1 处理分别仅增加了 3.4%、5.5%、5.6%、1.6%，最小值均出现在 F_3W_4 处理，分别为 0.59 mm、0.72 mm、1.13 mm、1.32 mm，最大最小差值分别为 1.23 mm、1.38 mm、1.33 mm、1.20 mm，表现为新梢生长期＞坐果膨大期＞萌芽开花期＞成熟期；2020 年基茎生长量最大值萌芽开花和坐果膨大期出现在 F_1W_1 处理，新梢生长期和成熟期出现在 F_1W_2 处理，各生育期依次分别为 2.01 mm、2.28 mm、2.74 mm、2.72 mm，最小值基本都出现在 F_3W_4 处理，分别为 0.94 mm、1.05 mm、1.42 mm、1.49 mm，最大最小差值分别为 1.07 mm、1.17 mm、1.32 mm、1.23 mm，表现为坐果膨大期＞成熟期＞新梢生长期＞萌芽开花期。

2019 年在 F_1、F_2 和 F_3 条件下，苹果幼树全生育期基茎生长总量分别为 30.07 mm、28.63 mm、25.38 mm，F_2 和 F_3 分别比 F_1 减少了 4.8%和 15.6%；在 W_1、W_2、W_3 和 W_4 条件下，基茎生长总量分别为 24.56 mm、25.06 mm、20.00 mm、14.46 mm，W_2 和 W_1 处理差异不大，比 W_1 处理增加了 2.0%，W_3 和 W_4 处理分别比 W_1 处理减少了 18.6%和 41.1%；2020 年在 F_1、F_2 和 F_3 条件下，基茎生长总量分别为 33.19 mm、31.59 mm、28.11 mm，F_2 和 F_3 分别比 F_1 减少了 4.8%和 15.3%；在 W_1、W_2、W_3 和 W_4 条件下，基茎生长总量分别为 26.97 mm、26.89 mm、21.92 mm、17.11 mm，W_2 和 W_1 处理差异不大，W_2、W_3 和 W_4 处理分别比 W_1 处理减少了 0.2%、18.7%和 36.6%。

12.3　水肥耦合对苹果幼树叶面积的影响

水肥处理对苹果幼树不同生育期叶面积的影响如表 12-5 和表 12-6 所示，两年中不同灌水处理对苹果幼树各生育期叶面积均产生了极显著影响（$P<0.01$）；2019 年不同施肥处理对萌芽开花期和坐果膨大期叶面积产生了显著影响（$P<0.05$），对新梢生长期叶面积产生了极显著影响（$P<0.01$），对成熟期叶面积影响不显著；2020 年不同施肥处理对萌芽开花期和坐果膨大期叶面积产生显著影响（$P<0.05$），对其他生育期均产生极显著影响（$P<0.01$）；2019 年水肥交互作用对萌芽开花期和坐果膨大期叶面积产生极显著影响（$P<0.01$），对其他生育期叶面积影响不显著；2020 年水肥交互作用对新梢生长期和坐果膨大期叶面积产生显著影响（$P<0.05$），对成熟期叶面积产生极显著影响（$P<0.01$），对萌芽开花期叶面积影响不显著。

表 12-5　水肥处理对苹果幼树不同生育期叶面积的影响（2019 年）

施肥处理	灌水处理	萌芽开花期	新梢生长期	坐果膨大期	成熟期
F_1	W_1	1.18±0.09abc	1.71±0.14a	2.01±0.22ab	2.12±0.16a
	W_2	1.29±0.14a	1.81±0.15a	2.11±0.16a	2.19±0.25a
	W_3	1.00±0.13bcde	1.52±0.15abc	1.68±0.13bcde	1.74±0.12bc
	W_4	0.87±0.13def	1.31±0.17bcde	1.47±0.19defg	1.61±0.14bcd
F_2	W_1	1.11±0.11abcd	1.53±0.16ab	1.80±0.13abcd	1.94±0.22ab
	W_2	1.19±0.11ab	1.60±0.12ab	1.87±0.10abc	1.96±0.18ab
	W_3	0.93±0.11def	1.34±0.09bcde	1.58±0.16cdefg	1.71±0.01bc
	W_4	0.80±0.12ef	1.16±0.20de	1.32±0.16fg	1.35±0.17d
F_3	W_1	1.00±0.07bcde	1.51±0.11abcd	1.70±0.11bcde	1.86±0.10ab
	W_2	0.94±0.08cdef	1.35±0.08bcde	1.61±0.11cdef	1.71±0.01bc
	W_3	0.88±0.01def	1.17±0.21cde	1.40±0.11efg	1.49±0.10cd
	W_4	0.70±0.08f	1.03±0.13e	1.23±0.12g	1.33±0.05d

施肥处理	灌水处理	萌芽开花期	新梢生长期	坐果膨大期	成熟期
显著性检验（F 值）					
灌水		276.662**	168.083**	601.816**	98.422**
施肥		19.301*	560.794**	55.845*	17.702
灌水×施肥		9.002**	3.369	11.462**	1.970

表 12-6　水肥处理对苹果幼树不同生育期叶面积的影响（2020 年）

施肥处理	灌水处理	萌芽开花期	新梢生长期	坐果膨大期	成熟期
F_1	W_1	1.44±0.16a	1.92±0.10ab	2.27±0.16ab	2.41±0.15ab
	W_2	1.35±0.11ab	2.05±0.19a	2.38±0.13a	2.58±0.13a
	W_3	1.15±0.10abcde	1.67±0.06bcd	1.87±0.06cdef	2.07±0.11cd
	W_4	0.99±0.13def	1.28±0.06fg	1.66±0.12efg	1.85±0.09def
F_2	W_1	1.31±0.14abc	1.72±0.13bcd	2.06±0.18abcd	2.20±0.11bc
	W_2	1.29±0.12abc	1.83±0.18abc	2.17±0.15abc	2.35±0.12ab
	W_3	1.05±0.17cdef	1.49±0.09def	1.76±0.08defg	1.92±0.10de
	W_4	0.92±0.10ef	1.24±0.06fg	1.56±0.17fg	1.76±0.05ef
F_3	W_1	1.21±0.07abcd	1.57±0.08cde	1.94±0.12bcde	1.97±0.08cde
	W_2	1.11±0.01bcde	1.63±0.08cd	1.94±0.25bcde	2.09±0.08cd
	W_3	0.90±0.13ef	1.32±0.10efg	1.66±0.11efg	1.78±0.11ef
	W_4	0.82±0.11f	1.22±0.12g	1.47±0.13g	1.61±0.09f
显著性检验（F 值）					
灌水		95.805**	149.952**	111.772**	592.036**
施肥		22.737*	456.363**	106.052**	280.912**
灌水×施肥		0.684	7.223*	4.309*	14.874**

从表 12-5 可以看出，2019 年灌水量相同时，苹果幼树叶面积随施肥量的增加而增加，表现为 $F_1 > F_2 > F_3$；施肥量相同时，在 F_1 和 F_2 施肥处理下，表现为 $W_2 > W_1 > W_3 > W_4$，在 F_3 施肥处理下，表现为 $W_1 > W_2 > W_3 > W_4$，这说明在一定区间施肥量下，轻度的亏缺灌溉反而更有利于苹果幼树叶片的生长，但在低肥条件下叶面积依旧表现为随灌水量的增加而增加。各生育期

叶面积最大值均出现在 F_1W_2 处理，分别为 1.29 m²/株、1.81 m²/株、2.11 m²/株、2.19 m²/株，较 F_1W_1 处理分别增加了 9.3%、5.8%、5.0%、3.3%，表现为萌芽开花期＞新梢生长期＞坐果膨大期＞成熟期,这说明轻度的亏缺灌溉有利于苹果幼树叶片的生长但随着苹果幼树的生长高水高肥的 F_1W_1 处理与 F_1W_2 处理间的差异越来越小；最小值均出现在 F_3W_4 处理，分别为 0.7 m²/株、1.03 m²/株、1.23 m²/株、1.33 m²/株，最大最小差值分别为 0.59 m²/株、0.78 m²/株、0.88 m²/株、0.86 m²/株，表现为坐果膨大期＞成熟期＞萌芽开花期＞新梢生长期,这说明在苹果幼树生育前期和中期水肥对叶面积的影响越来越大，但在生育后期（成熟期）趋于稳定。在 F_1、F_2 和 F_3 条件下，叶面积增长总量分别为 7.66 m²/株、6.95 m²/株、6.39 m²/株，F_2 和 F_3 分别比 F_1 减少了 9.3% 和 16.6%；在 W_1、W_2、W_3 和 W_4 条件下，叶面积增长总量分别为 5.92 m²/株、5.86 m²/株、4.94 m²/株、4.28 m²/株，W_1 和 W_2 处理差异不大，W_2、W_3、W_4 处理分别比 W_1 处理减少了 1.0%、16.6%、27.7%。

从表 12-6 可以看出，2020 年灌水量相同时，苹果幼树叶面积随施肥量的增加而增加，表现为 F_1＞F_2＞F_3；施肥量相同时，在萌芽开花期叶面积表现为 W_1＞W_2＞W_3＞W_4，在新梢生长期、坐果膨大期和成熟期表现为 W_2＞W_1＞W_3＞W_4，这说明在苹果幼树生长发育阶段，叶片的生长对灌水量和施肥量需求不一，轻度的亏缺灌溉最终更有利于其生长。各生育期叶面积最大值分别为 1.44 m²/株、2.05 m²/株、2.38 m²/株、2.58 m²/株，萌芽开花期出现在 F_1W_1 处理，其他生育期均出现在 F_1W_2 处理；最小值均出现在 F_3W_4 处理，分别为 0.82 m²/株、1.22 m²/株、1.47 m²/株、1.61 m²/株，最大最小差值分别为 0.62 m²/株、0.83 m²/株、0.91 m²/株、0.97 m²/株。在 F_1、F_2 和 F_3 条件下，叶面积增长总量分别为 8.90 m²/株、8.22 m²/株、7.44 m²/株，F_2 和 F_3 分别比 F_1 减少了 7.6% 和 16.4%；在 W_1、W_2、W_3 和 W_4 条件下，叶面积增长总量分别为 6.57 m²/株、7.02 m²/株、5.76 m²/株、5.21 m²/株，W_2 处理比 W_1 增加了 6.7%，W_3、W_4 处理分别比 W_1 处理减少了 14.1%、20.1%。

12.4　水肥耦合对苹果幼树不同时期叶绿素含量的影响

　　水肥处理对苹果幼树不同时期叶绿素含量的影响如图 12-1 和 12-2 所示，2019 年不同灌水处理对苹果幼树新梢生长期 SPAD 产生显著影响（$P < 0.05$），对坐果膨大期和成熟期产生了极显著影响（$P < 0.01$）；不同施肥处理对新梢生长期和坐果膨大期 SPAD 产生了显著影响（$P < 0.05$），对成熟期产生了极显著影响（$P < 0.01$）；水肥交互作用对新梢生长期 SPAD 产生了显著影响（$P < 0.05$），对坐果膨大期和成熟期产生了极显著影响（$P < 0.01$）；灌水、施肥和水肥交互作用对萌芽开花期 SPAD 影响均不显著。

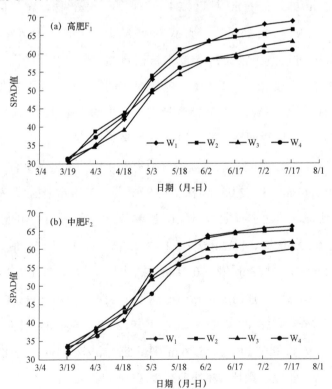

图 12-1　水肥处理对苹果幼树不同时期叶绿素含量的影响（2019 年）

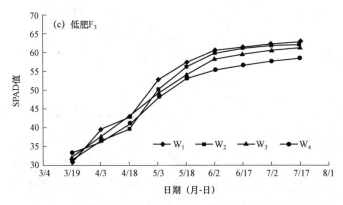

图 12-1　水肥处理对苹果幼树不同时期叶绿素含量的影响（2019 年）（续）

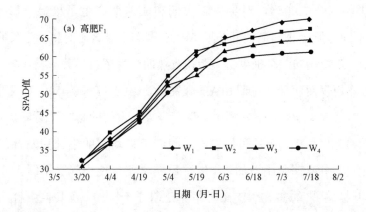

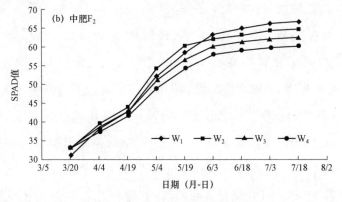

图 12-2　水肥处理对苹果幼树不同时期叶绿素含量的影响（2020 年）

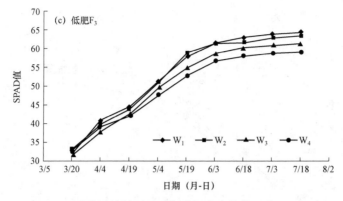

图 12-2　水肥处理对苹果幼树不同时期叶绿素含量的影响（2020 年）（续）

　　2020 年不同灌水处理对苹果幼树萌芽开花期和新梢生长期 SPAD 产生了显著影响（$P<0.05$），对坐果膨大期和成熟期产生了极显著影响（$P<0.01$）；不同施肥处理对萌芽开花期 SPAD 影响不显著，对新梢生长期产生了显著影响（$P<0.05$），对坐果膨大期和成熟期产生了极显著影响（$P<0.01$）；水肥交互作用仅对萌芽开花期 SPAD 产生显著影响（$P<0.05$），对成熟期产生极显著影响（$P<0.01$），对新梢生长期和坐果膨大期的影响不显著。

　　从图 12-1 和图 12-2 可以看出，随着苹果幼树的生长和发育，叶绿素 SPAD 在生育中前期急剧增加，在生育后期增加量逐步趋于平缓。2019 年灌水量相同时，苹果幼树 SPAD 在萌芽开花期开始增加，在其他生育期均表现为 $F_1>F_2>F_3$；施肥量相同时，在 F_1 和 F_2 处理下，新梢生长期 SPAD 表现为 $W_2>W_1>W_3>W_4$，在 F_3 处理下表现为 $W_1>W_2>W_3>W_4$，在坐果膨大期和成熟期均表现为 $W_1>W_2>W_3>W_4$。苹果幼树新梢生长期 SPAD 最大值 57.5 出现在 F_1W_2 处理，坐果膨大期和成熟期最大值均出现在 F_1W_1 处理，分别为 64.4 和 68.1；最小值均出现在 F_3W_4 处理，分别为 50.6、55.9 和 58.0，与最大值的差值表现为成熟期>坐果膨大期>新梢生长期。

　　2020 年灌水量相同时，苹果幼树在各生育期 SPAD 随施肥量的增加而增加，表现为 $F_1>F_2>F_3$；施肥量相同时，在萌芽开花期和新梢生长期 SPAD 基本均为 $W_2>W_1>W_3>W_4$，在坐果膨大期和成熟期 SPAD 表现为 $W_1>$

$W_2 > W_3 > W_4$。萌芽开花期和新梢生长期 SPAD 最大值分别为 42.4 和 57.9 均出现在 F_1W_2 处理，坐果膨大期和成熟期最大值分别为 65.6 和 69.2 均出现在 F_1W_1 处理；萌芽开花期各处理最小值为 40.2，其他生育期最小值均出现在 F_3W_4 处理，分别为 50.1、57.1 和 58.7，与最大值的差值表现与 2019 年趋势一致，这说明在苹果幼树的生长和发育中，随着生育期的不断推进灌水和施肥对叶片叶绿素 SPAD 的影响不断增大。

第13章 水肥耦合对苹果幼树光合特性的影响

13.1 水肥耦合对苹果幼树光合速率的影响

水肥处理对苹果幼树叶片净光合速率（P_n）的影响如图 13-1 和图 13-2 所示，两年中灌水对苹果幼树 P_n 均产生了极显著的影响（$P < 0.01$）；施肥对 P_n 均产生显著影响（$P < 0.05$）；其中 2019 年水肥交互作用对 P_n 影响不显著，2020 年水肥交互作用对 P_n 产生显著影响（$P < 0.05$）。

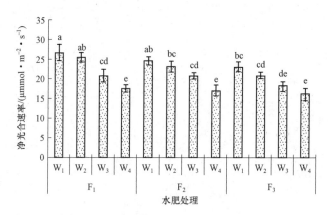

图 13-1 水肥处理对苹果幼树净光合速率的影响（2019 年）

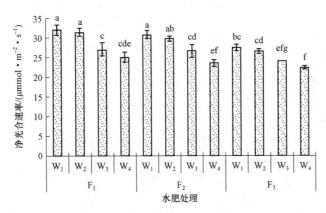

图 13-2　水肥处理对苹果幼树净光合速率的影响（2020 年）

从图 13-1 和图 13-2 可以看出，两年中灌水量相同时，P_n 基本上随施肥量的增加而增加，由大到小依次为 F_1、F_2、F_3；施肥量相同时，P_n 基本上随灌水量的增加而增加，由大到小依次为 W_1、W_2、W_3、W_4；不同水肥处理下 P_n 的最大值均出现在高水高肥的 F_1W_1 处理，2019 和 2020 年分别为 26.65 μmol/（$m^2 \cdot s$）和 32.17 μmol/（$m^2 \cdot s$），F_1W_2 处理与其相比，分别降低了 4.2% 和 2.1%；不同水肥处理下 P_n 最小值均出现在 F_3W_4 处理，分别为 16.14 μmol/（$m^2 \cdot s$）和 22.42 μmol/（$m^2 \cdot s$）。

2019 年在 F_1、F_2 和 F_3 条件下，各灌水处理 P_n 总量分别为 90.49 μmol/($m^2 \cdot s$)、85.58 μmol/（$m^2 \cdot s$）、78.21 μmol/($m^2 \cdot s$)，F_2 和 F_3 分别比 F_1 减少了 5.4% 和 13.6%；在 W_1、W_2、W_3 和 W_4 条件下，各施肥处理 P_n 总量分别为 74.44 μmol/（$m^2 \cdot s$）、69.62 μmol/（$m^2 \cdot s$）、59.71 μmol/（$m^2 \cdot s$）、50.50 μmol/（$m^2 \cdot s$），W_2、W_3、W_4 分别比 W_1 减少了 6.5%、19.8%、32.2%。2020 年在 F_1、F_2 和 F_3 条件下，各灌水处理 P_n 总量分别为 115.71 μmol/（$m^2 \cdot s$）、110.83 μmol/（$m^2 \cdot s$）、100.79 μmol/（$m^2 \cdot s$），F_2 和 F_3 分别比 F_1 减少了 4.2% 和 12.9%；在 W_1、W_2、W_3 和 W_4 条件下，各施肥处理 P_n 总量分别为 90.63 μmol/（$m^2 \cdot s$）、87.84 μmol/（$m^2 \cdot s$）、77.96 μmol/（$m^2 \cdot s$）、70.91 μmol/（$m^2 \cdot s$），W_2、W_3、W_4 分别比 W_1 减少了 3.1%、14.3%、21.8%。

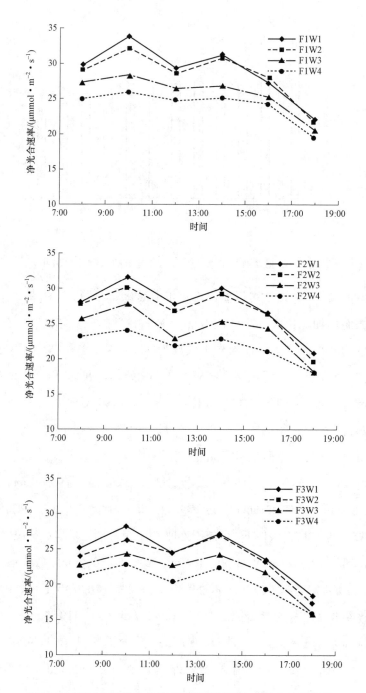

图 13-3　不同水肥耦合条件下苹果幼树净光合速率的日变化

不同水肥耦合条件下苹果幼树净光合速率的日变化如图 13-3 所示，从图中可以看出，不同水肥耦合条件下苹果幼树净光合速率的日变化表现出上午先急剧升高后降低，下午又升高再缓慢降低的趋势，基本均呈现为 M 双峰型特征。一般第一个峰值即全天最大值出现在上午 10 点，第二个峰值出现在下午 2 点，苹果幼树净光合速率在中午 12 点有所下降出现了"午休"现象，最小值出现在下午 6 点，即全天监测最晚时间点。

全天不同时间点苹果幼树净光合速率基本表现为 $F_1 > F_2 > F_3$，除上午 10 点外，其他时间基本表现为 $W_1 \approx W_2 > W_3 > W_4$。不同水肥处理下苹果幼树净光合速率全天最大值 33.82 μmol/（$m^2 \cdot s$），出现在 F_1W_1 处理（上午 10 点），F_1W_2 处理与其相比降低了 4.8%；在 F_1、F_2 和 F_3 条件下，不同灌水处理间最大差值即最显著差异也出现在上午 10 点，分别为 7.93 μmol/（$m^2 \cdot s$）、7.51 μmol/（$m^2 \cdot s$）、5.40 μmol/（$m^2 \cdot s$）。不同水肥耦合条件下苹果幼树净光合速率全天监测平均最大值 28.94 μmol/（$m^2 \cdot s$），出现在 F_1W_1 处理；平均最小值 20.20 μmol/（$m^2 \cdot s$），出现在 F_3W_4 处理，其中 F_1W_2 和 F_3W_4 处理分别比 F_1W_1 处理降低了 2.0%和 30.2%。

13.2　水肥耦合对苹果幼树蒸腾速率的影响

水肥处理对苹果幼树蒸腾速率（T_r）的影响如图 13-4 和图 13-5 所示，两年中灌水对苹果幼树 T_r 均产生了极显著的影响（$P < 0.01$）；施肥和水肥交互作用对 T_r 的影响均不显著。从图中可以看出，2019 年灌水量相同时，T_r 基本上随施肥量的增加而增加，由大到小依次为 F_1、F_2、F_3，2020 年趋势则不明显；两年中施肥量相同时，T_r 基本上随灌水量的增加而增加，由大到小依次为 W_1、W_2、W_3、W_4；不同水肥处理下 T_r 的最大值均出现在高水高肥的 F_1W_1 处理，2019 和 2020 年分别为 6.38 mmol/（$m^2 \cdot s$）和 6.85 mmol/（$m^2 \cdot s$），F_1W_2 处理与其相比，分别降低了 9.7%和 11.5%；不同水肥处理下 T_r 最小值

苹果水肥高效利用理论与调控技术

均出现在 F_2W_4 处理，分别为 4.53 mmol/（m^2·s）和 5.27 mmol/（m^2·s）。

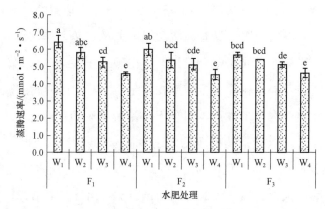

图 13-4　水肥处理对苹果幼树蒸腾速率的影响（2019 年）

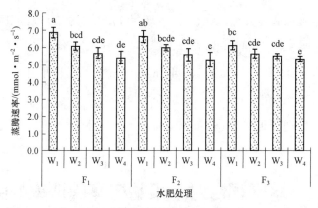

图 13-5　水肥处理对苹果幼树蒸腾速率的影响（2020 年）

2019 年在 F_1、F_2 和 F_3 条件下，各灌水处理 T_r 总量分别为 21.97 mmol/（m^2·s）、20.93 mmol/（m^2·s）、20.76 mmol/（m^2·s），F_2 和 F_3 分别比 F_1 减少了 4.7%和 5.5%；在 W_1、W_2、W_3 和 W_4 条件下，各施肥处理 T_r 总量分别为 18.00 mmol/（m^2·s）、16.51 mmol/（m^2·s）、15.44 mmol/（m^2·s）、13.71 mmol/（m^2·s），W_2、W_3、W_4 分别比 W_1 减少了 8.3%、14.2%、23.8%。2020 年在 F_1、F_2 和 F_3 条件下，各灌水处理 T_r 总量分别为 23.94 mmol/（m^2·s）、23.44 mmol/（m^2·s）、22.56 mmol/（m^2·s），F_2 和 F_3 分别比 F_1 减少了 2.1%和 5.8%；在 W_1、W_2、W_3 和 W_4 条件下，各施肥处理 T_r 总量分别为 19.60 mmol/（m^2·s）、17.67 mmol/（m^2·s）、

16.71 mmol/（m^2 · s）、15.96 mmol/（m^2 · s），W_2、W_3、W_4 分别比 W_1 减少了 9.8%、14.7%、18.6%。

　　不同水肥耦合条件下苹果幼树蒸腾速率的日变化如图 13-6 所示，从图中可以看出，不同水肥耦合条件下 T_r 的日变化趋势基本与 P_n 一致，表现出上午先急剧升高后降低，下午又升高再缓慢降低的趋势，基本呈现为 M 双峰型特征。全天最大值一般出现在上午 10 点即第一个峰值（F_3W_2 和 F_3W_3 处理最大值出现在下午 2 点），第二个峰值出现在下午 2 点，苹果幼树蒸腾速率在中午 12 点有所下降，也出现了短暂的"午休"现象，各处理最小值均出现在下午 6 点，即全天监测最晚时间点。

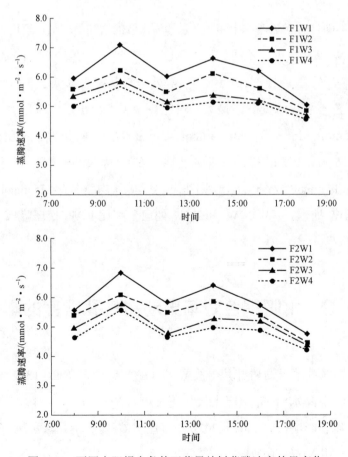

图 13-6　不同水肥耦合条件下苹果幼树蒸腾速率的日变化

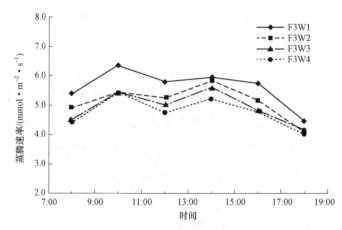

图 13-6　不同水肥耦合条件下苹果幼树蒸腾速率的日变化（续）

全天不同时间点 T_r 基本上随施肥量和灌水量的增加而增加，表现为 $F_1 > F_2 >$ F_3 和 $W_1 > W_2 > W_3 > W_4$。不同水肥耦合处理下 T_r 全天最大值 7.08 mmol/（$m^2 \cdot s$），出现在 F_1W_1 处理（上午 10 点），F_1W_2 处理与其相比降低了 12.1%；在 F_1、F_2 条件下，不同灌水处理间最大差值即最显著差异出现在下午 2 点，分别为 1.48 mmol/（$m^2 \cdot s$）、1.41 mmol/（$m^2 \cdot s$），在 F_3 条件下出现在中午 12 点，为 1.05 mmol/（$m^2 \cdot s$）。不同水肥耦合条件下苹果幼树蒸腾速率全天监测平均最大值 6.14 mmol/（$m^2 \cdot s$），出现在 F_1W_1 处理；平均最小值 4.75 mmol/（$m^2 \cdot s$），出现在 F_3W_4 处理，其中 F_1W_2 和 F_3W_4 处理分别比 F_1W_1 处理降低了 8.1%和 22.6%。

13.3　水肥耦合对苹果幼树气孔导度的影响

水肥处理对苹果幼树叶片气孔导度（G_s）的影响如图 13-7 和图 13-8 所示，两年中灌水对 G_s 均产生极显著影响（$P < 0.01$）；2019 年施肥对 G_s 均产生极显著影响（$P < 0.01$），2020 年施肥对 G_s 均产生显著影响（$P < 0.05$）；水肥交互作用对 G_s 的影响均不显著。

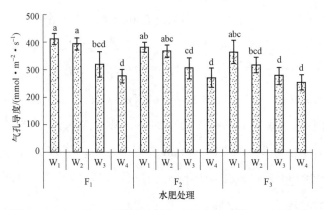

图 13-7　水肥处理对苹果幼树气孔导度的影响（2019 年）

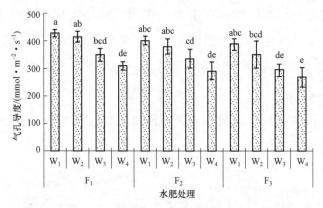

图 13-8　水肥处理对苹果幼树气孔导度的影响（2020 年）

从图 13-7 和图 13-8 可以看出，两年中灌水量相同时，苹果幼树 G_s 基本上随施肥量的增加而增加，表现为 $F_1 > F_2 > F_3$；施肥量相同时，G_s 基本上表现为 $W_1 > W_2 > W_3 > W_4$；不同水肥处理下 G_s 的最大值均出现在高水高肥的 F_1W_1 处理，2019 和 2020 年分别为 412.71 mmol/（$m^2 \cdot s$）和 428.51 mmol/（$m^2 \cdot s$），F_1W_2 处理与其相比，分别降低了 4.2% 和 3.0%；不同水肥处理下 G_s 最小值均出现在 F_3W_4 处理，分别为 255.06 mmol/（$m^2 \cdot s$）和 268.86 mmol/（$m^2 \cdot s$）。

2019 年在 F_1、F_2 和 F_3 条件下，各灌水处理 G_s 总量分别为 1 404.46 mmol/（$m^2 \cdot s$）、1 328.45 mmol/（$m^2 \cdot s$）、1 217.63 mmol/（$m^2 \cdot s$），F_2 和 F_3 分别

比 F_1 减少了 5.4% 和 13.3%；在 W_1、W_2、W_3 和 W_4 条件下，各施肥处理 G_s 总量分别为 1 160.71 mmol/（$m^2 \cdot s$）、1 080.81 mmol/（$m^2 \cdot s$）、905.30 mmol/（$m^2 \cdot s$）、803.71 mmol/（$m^2 \cdot s$），W_2、W_3、W_4 分别比 W_1 减少了 6.9%、22.0%、30.8%。2020 年在 F_1、F_2 和 F_3 条件下，各灌水处理 G_s 总量分别为 1 504.14 mmol/（$m^2 \cdot s$）、1 408.11 mmol/（$m^2 \cdot s$）、1 303.29 mmol/（$m^2 \cdot s$），F_2 和 F_3 分别比 F_1 减少了 6.4% 和 13.4%；在 W_1、W_2、W_3 和 W_4 条件下，各施肥处理 G_s 总量分别为 1 218.08 mmol/（$m^2 \cdot s$）、1 147.70 mmol/（$m^2 \cdot s$）、980.18 mmol/（$m^2 \cdot s$）、869.59 mmol/（$m^2 \cdot s$），W_2、W_3、W_4 分别比 W_1 减少了 5.8%、19.5%、28.6%。

不同水肥耦合条件下苹果幼树气孔导度的日变化如图 13-9 所示，从图中可以看出，不同水肥耦合条件下 G_s 的日变化趋势基本与 P_n 和 T_r 基本一致，表现出上午先急剧升高后降低，下午又升高再缓慢降低的趋势，基本呈现为 M 双峰型特征。全天最大值（第一个峰值）出现在上午 10 点，第二个峰值出现在下午 2 点，苹果幼树气孔导度在中午 12 点有所下降，也出现了短暂的"午休"现象，各处理最小值均出现在下午 6 点，即全天监测最晚时间点。

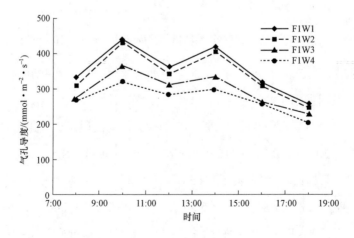

图 13-9　不同水肥耦合条件下苹果幼树气孔导度的日变化

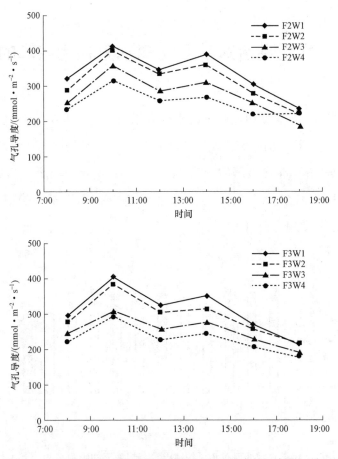

图 13-9　不同水肥耦合条件下苹果幼树气孔导度的日变化（续）

全天不同时间点 G_s 基本上随施肥量和灌水量的增加而增加，表现为 $F_1>F_2>F_3$ 和 $W_1>W_2>W_3>W_4$。全天最大值 437.59 mmol/（$m^2 \cdot s$）出现在 F_1W_1 处理（上午 10 点），F_1W_2 处理与其相比降低了 2.0%；在 F_1、F_2 和 F_3 条件下，不同灌水处理间最大差值即最显著差异均出现在下午 2 点，分别为 121.25 mmol/（$m^2 \cdot s$）、119.20 mmol/（$m^2 \cdot s$）、108.22 mmol/（$m^2 \cdot s$）。G_s 全天监测平均最大值 354.12 mmol/（$m^2 \cdot s$），出现在 F_1W_1 处理；平均最小值 228.40 mmol/（$m^2 \cdot s$），出现在 F_3W_4 处理，其中 F_1W_2 和 F_3W_4 处理分别比 F_1W_1 处理降低了 4.2% 和 35.5%。

13.4 水肥耦合对苹果幼树水分利用效率的影响

水肥处理对苹果幼树叶片瞬时水分利用效率（WUE）的影响如图 13-10 和图 13-11 所示，2019 年灌水对 WUE 产生极显著影响（$P<0.01$），2020 年灌水对 WUE 产生了显著的影响（$P<0.05$）；两年中施肥对 WUE 均产生了显著的影响（$P<0.05$）；2019 年水肥交互作用对 WUE 的影响不显著，2020 年则产生显著影响（$P<0.05$）。

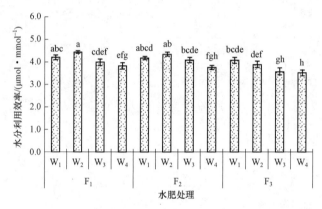

图 13-10 水肥处理对苹果幼树水分利用效率的影响（2019 年）

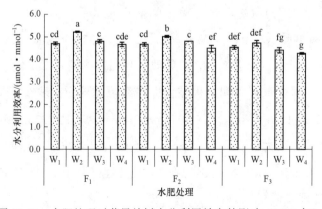

图 13-11 水肥处理对苹果幼树水分利用效率的影响（2020 年）

从图 13-10 和图 13-11 可以看出，两年中灌水量相同时，WUE 基本表现为 $F_1 > F_2 > F_3$；施肥量相同时，2019 年 WUE 在 F_1 和 F_2 处理下，表现为 $W_2 > W_1 > W_3 > W_4$，在 F_3 处理下，表现为 $W_1 > W_2 > W_3 > W_4$，2020 年 WUE 在 F_1 和 F_2 处理下，表现为 $W_2 > W_3 > W_1 > W_4$，在 F_3 处理下，表现为 $W_2 > W_1 > W_3 > W_4$，这说明在一定区间施肥量下，适度的亏缺灌溉更有利于提高苹果幼树 WUE。两年中 WUE 最大值均出现在 F_1W_2 处理，2019 和 2020 年分别为 4.43 μmol/mmol 和 5.20 μmol/mmol，与 F_1W_1 处理相比，分别提高了 5.9% 和 10.6%；WUE 最小值均出现在 F_3W_4 处理，分别为 3.50 μmol/mmol 和 4.24 μmol/mmol。

2019 年在 F_1、F_2 和 F_3 条件下，各灌水处理 WUE 总量分别为 16.38 μmol/mmol、16.30 μmol/mmol、14.99 μmol/mmol，F_2 和 F_3 分别比 F_1 减少了 0.5% 和 8.5%。在 W_1、W_2、W_3 和 W_4 条件下，各施肥处理 WUE 总量分别为 12.40 μmol/mmol、12.64 μmol/mmol、11.59 μmol/mmol、11.04 μmol/mmol，W_2 比 W_1 增加了 1.9%，W_3 和 W_4 分别比 W_1 减少了 6.5% 和 11.0%。2020 在 F_1、F_2 和 F_3 条件下，各灌水处理 WUE 总量分别为 19.34 μmol/mmol、18.90 μmol/mmol、17.87 μmol/mmol，F_2 和 F_3 分别比 F_1 减少了 2.3% 和 7.6%。在 W_1、W_2、W_3 和 W_4 条件下，各施肥处理 WUE 总量分别为 13.87 μmol/mmol、14.90 μmol/mmol、14.00 μmol/mmol、13.34 μmol/mmol，W_2 和 W_3 分别比 W_1 增加了 7.4%、0.9%，W_4 比 W_1 减少了 3.8%。

不同水肥耦合条件下苹果幼树水分利用效率的日变化如图 13-12 所示，不同水肥耦合条件下苹果幼树水分利用效率的日变化趋势基本上先下降再上升最后再不断下降，全天最大值均出现在上午 8 点，最小值均出现在下午 6 点，即全天监测最晚时间点。

不同施肥处理下，WUE 最大值均出现在 W_2 处理；全天不同时间点 WUE 均表现为 $F_1 > F_2 > F_3$。不同水肥耦合处理下苹果幼树水分利用效率全天最大

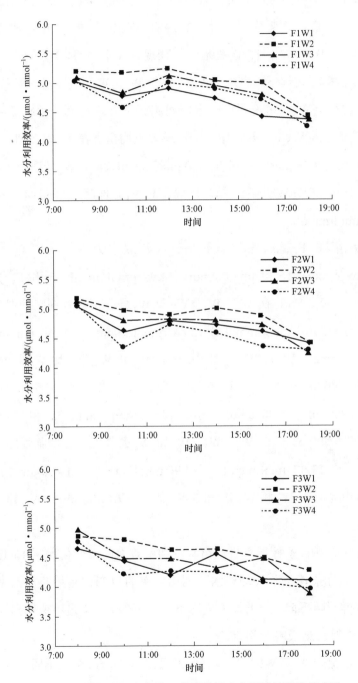

图 13-12　不同水肥耦合条件下苹果幼树水分利用效率的日变化

值 5.20 μmol/mmol，出现在 F_1W_2 处理（上午 8 点），与 F_1W_1 相比提高了 3.4%；在 F_1、F_2 和 F_3 条件下，不同灌水处理间最大差值即最显著差异均出现在上午 10 点，分别为 0.59 μmol/mmol、0.63 μmol/mmol、0.60 μmol/mmol。不同水肥耦合条件下苹果幼树水分利用效率全天监测平均最大值 5.01 μmol/mmol，出现在 F_1W_2 处理；平均最小值 4.25 μmol/mmol，出现在 F_3W_4 处理，与 F_1W_1 相比分别提高了 6.6% 和降低了 9.6%。

第14章 水肥耦合对苹果幼树
水分生产率的影响及相关关系

14.1 水肥耦合对苹果幼树干物质量、
耗水量及水分生产率的影响

水肥处理对苹果幼树全生育期干物质量、耗水量和水分生产率的影响如表 14-1 和表 14-2 所示，两年中灌水对苹果干物质量、耗水量和水分生产率均产生了极显著影响（$P < 0.01$）；2019 年施肥对苹果干物质量、耗水量产生了显著影响（$P < 0.05$），对水分生产率影响不显著；2020 年施肥对干物质量产生了极显著影响（$P < 0.01$），对耗水量产生了显著影响（$P < 0.05$），对水分生产率影响不显著；两年中水肥交互作用对苹果幼树干物质量均产生了显著影响（$P < 0.05$），对耗水量和水分生产率影响均不显著。

表 14-1 水肥处理对苹果幼树全生育期干物质量、耗水量和水分生产率的影响（2019 年）

施肥处理	灌水处理	干物质量/ （g·株$^{-1}$）	耗水量/ （L·株$^{-1}$）	水分生产率/ （kg·m^{-3}）
F_1	W_1	539.05±18.77ab	255.21±11.31a	2.12±0.02d
	W_2	543.27±26.87a	224.03±9.19bcd	2.43±0.02a
	W_3	482.88±31.90bcd	203.15±13.86de	2.38±0.01ab
	W_4	416.13±21.92ef	178.91±11.00fgh	2.33±0.02ab

续表

施肥处理	灌水处理	干物质量/ （g·株⁻¹）	耗水量/ （L·株⁻¹）	水分生产率/ （kg·m⁻³）
F₂	W₁	508.71±23.33abc	241.02±9.90ab	2.11±0.01d
	W₂	509.20±14.81abc	215.15±8.49cd	2.37±0.02ab
	W₃	459.47±24.96cde	192.40±9.21ef	2.39±0.01ab
	W₄	394.98±36.70f	170.42±10.61gh	2.32±0.07b
F₃	W₁	504.68±8.49abc	233.76±6.65bc	2.16±0.03cd
	W₂	459.52±20.66cde	206.63±3.54de	2.23±0.06c
	W₃	434.82±29.13def	185.31±5.55efg	2.35±0.09ab
	W₄	380.51±14.48f	163.44±7.07h	2.33±0.01ab
显著性检验（F值）				
灌水		232.017**	1 321.393****	66.725**
施肥		84.744*	19.785*	3.142
灌水×施肥		5.435*	3.357	3.086

表14-2 水肥处理对苹果幼树全生育期干物质量、耗水量和水分生产率的影响（2020年）

施肥处理	灌水处理	干物质量/ （g·株⁻¹）	耗水量/ （L·株⁻¹）	水分生产率/ （kg·m⁻³）
F₁	W₁	649.84±22.31ab	299.19±8.92a	2.17±0.01c
	W₂	654.06±30.41a	271.01±11.04bcd	2.41±0.01a
	W₃	593.67±35.43abcd	251.63±17.83cdef	2.36±0.03ab
	W₄	526.92±25.46efg	227.39±14.97fghi	2.32±0.04ab
F₂	W₁	609.18±26.03abc	284.32±11.55ab	2.15±0.01c
	W₂	609.66±17.51abc	258.95±10.84bcde	2.36±0.04ab
	W₃	559.94±27.65cdef	234.20±8.73efgh	2.39±0.03ab
	W₄	495.45±39.39fg	214.22±12.96hi	2.31±0.04b
F₃	W₁	586.38±15.60bcde	274.93±5.94abc	2.14±0.01c
	W₂	541.22±27.78def	245.80±5.66defg	2.21±0.06c
	W₃	516.52±36.25fg	224.48±7.67ghi	2.30±0.08b
	W₄	467.21±14.52g	202.61±9.19i	2.31±0.04b
显著性检验（F值）				
灌水		237.787**	623.822****	59.595**
施肥		447.288**	34.126*	8.456
灌水×施肥		4.628*	0.532	2.167

两年中苹果幼树全生育期耗水量随灌水量和施肥量的增加呈递增的趋势，灌水量相同时，由大到小依次为 F_1、F_2、F_3；施肥量相同时，由大到小依次为 W_1、W_2、W_3、W_4。在 F_1 施肥处理下，水分生产率由大到小依次为 W_2、W_3、W_4、W_1；在 F_2 施肥处理下，水分生产率由大到小依次为 W_3、W_2、W_4、W_1；在 F_3 施肥处理下，2019 年苹果全生育期水分生产率由大到小依次为 W_3、W_4、W_2、W_1，2020 年由大到小依次为 W_4、W_3、W_2、W_1，这说明苹果幼树在充分供水时水分生产率反而最小。2019 和 2020 年水分生产率最大值（2.43 kg/m^3 和 2.41 kg/m^3）均出现在 F_1W_2 处理，与高水高肥的 F_1W_1 处理相比分别增加了 14.6%和 11.1%。因此，在 F_1W_2 水肥处理下苹果幼树全生育期干物质量和水分生产率均达到最大值，2019 年与 F_1W_1 处理相比分别增加了 0.8%和 14.6%，2020 年分别增加了 0.6%和 11.1%，两年中耗水量却分别减少了 12.2%和 9.4%，F_1W_2 水肥处理为最佳的水肥耦合制度。

14.2　水肥耦合条件下苹果幼树各指标间的相关关系

14.2.1　苹果幼树植株生长量与其他指标间的相关关系

苹果幼树植株生长量与其他指标间的相关关系如图 14-1 所示，苹果幼树植株生长量与 P_n、T_r、G、生育期耗水量，以及 WUE 间具有较好的直线线性关系，决定系数 R^2 分别为 0.738 9、0.577 2、0.805 8、0.618 3、0.666 5，这说明不同水肥处理条件下苹果幼树植株的生长与这些指标密切相关。苹果幼树植株生长量与水分生产率间的关系不大，R^2 仅为 0.001。

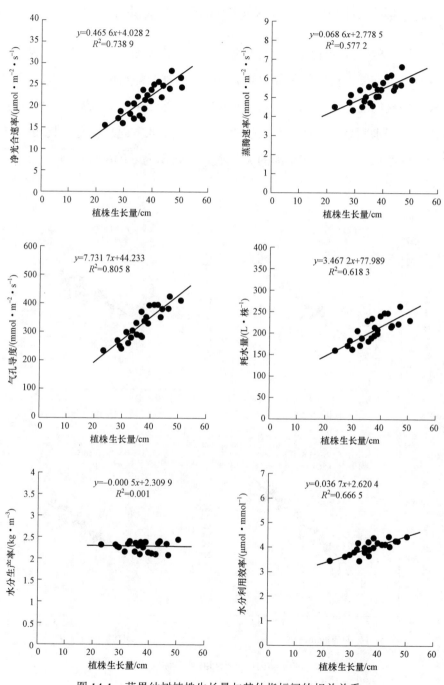

图 14-1　苹果幼树植株生长量与其他指标间的相关关系

14.2.2　苹果幼树叶面积与其他指标间的相关关系

苹果幼树植株叶面积与其他指标间的相关关系如图 14-2 所示，从图中可以看出，苹果幼树叶面积与 P_n、T_r、G_s、生育期耗水量，以及 WUE 间具有较好的直线线性关系，R^2 分别为 0.867、0.743、0.866 8、0.790 2、0.677 4，这说明不同水肥处理条件下苹果幼树叶面积的生长与这些指标密切相关。苹果幼树叶面积与水分生产率间的关系不大，R^2 仅为 0.046 4。

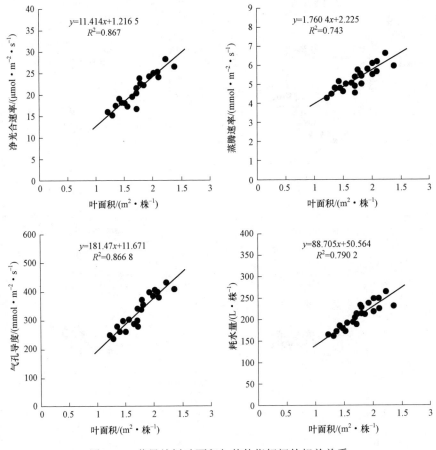

图 14-2　苹果幼树叶面积与其他指标间的相关关系

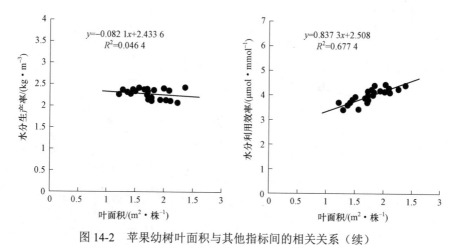

图 14-2　苹果幼树叶面积与其他指标间的相关关系（续）

14.2.3　苹果幼树净光合速率与其他指标间的相关关系

苹果幼树叶片净光合速率与其他指标间的相关关系如图 14-3 所示，从图中可以看出苹果幼树 P_n、T_r、G_s、SPAD、生育期耗水量，以及 WUE 间具有较好的直线线性关系，R^2 分别为 0.896 9、0.903、0.895 7、0.893 5、0.735 7，这说明不同水肥处理条件下苹果幼树叶片净光合速率与这些指标密切相关。苹果幼树叶片净光合速率与水分生产率间的关系不大，R^2 仅为 0.151 9。

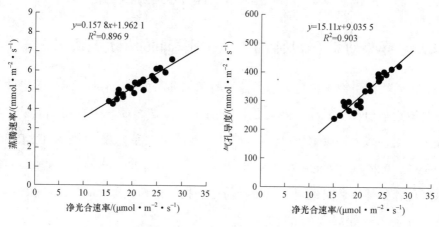

图 14-3　苹果幼树净光合速率与其他指标间的相关关系

147

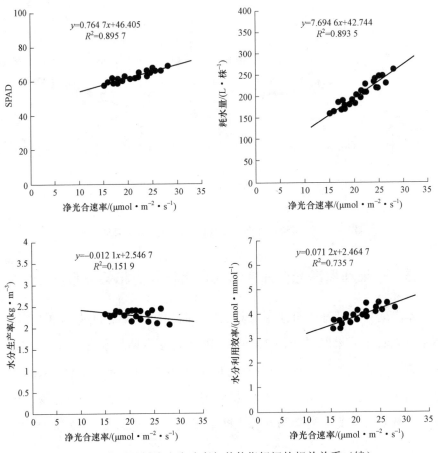

图 14-3　苹果幼树净光合速率与其他指标间的相关关系（续）

14.2.4　苹果幼树干物质质量与其他指标间的相关关系

　　苹果幼树干物质量与其他指标间的相关关系如图 14-4 所示，苹果幼树干物质量与植株生长量、叶面积、SPAD、P_n、T_r、G_s、生育期耗水量、水分生产率，以及 WUE 间具有较好的直线线性关系，R^2 分别为 0.845 3、0.919 7、0.864 9、0.896 7、0.801、0.924 5、0.862 8、0.670 1，这说明不同水肥处理条件下苹果幼树干物质量与这些指标密切相关。苹果幼树干物质量与水分生产率间 R^2 仅为 0.052 3。

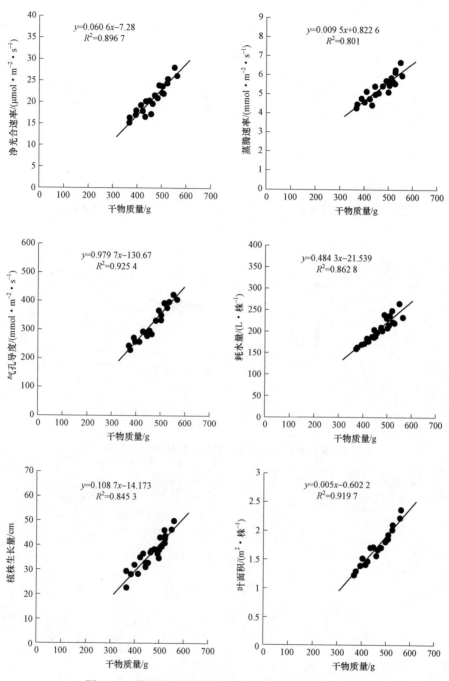

图 14-4 苹果幼树干物质量与其他指标间的相关关系

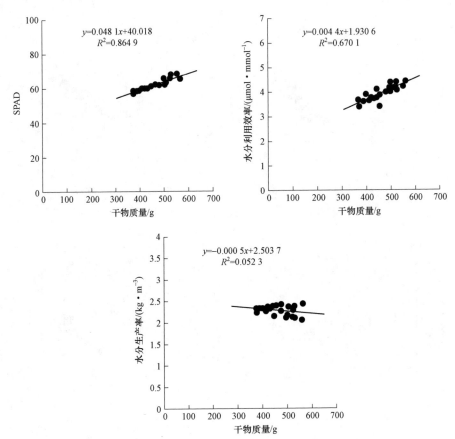

图 14-4　苹果幼树干物质量与其他指标间的相关关系（续）

第15章　滴灌施肥下苹果幼树水肥耦合效应结论与展望

15.1　主要结论

本书力求改变传统的苹果灌溉和施肥模式,利用现代的滴灌施肥一体化技术,探索北方半干旱地区苹果幼树的不同水肥供应模式对生长发育状态、根区水分有效性、水分的吸收、干物质积累,特别是水分利用效率和水分生产力的影响机制和效应,揭示精量的滴灌施肥一体化方法在不减少幼树干物质积累,提高水分利用效率的情况下而大量节省水肥消耗的水肥耦合效应和可能实现的有效途径,达到通过改变不同的滴灌溉量和施肥量,实现最大限度地提高水分生产率的目的,从而得出适合北方半干旱地区苹果幼树种植的最佳水肥耦合模式或灌溉制度。本书滴灌施肥下苹果幼树水肥耦合效应研究取得的主要结论如下。

（1）两年中苹果幼树各生育期植株生长量最大值均出现在 F_1W_2 处理,2019 年分别为 10.9 cm、15.4 cm、13.1 cm、7.6 cm,较高水高肥的 F_1W_1 处理分别增加了 6.9%、6.2%、11.0%、2.7%,2020 年分别为 13.6 cm、18.1 cm、16.1 cm、9.6 cm,较 F_1W_1 处理分别增加了 9.7%、5.8%、8.8%、3.2%。2019 年各生育期基茎生长量最大值均出现在 F_1W_2 处理,分别为 1.82 mm、

2.10 mm、2.46 mm、2.52 mm，较 F_1W_1 处理分别仅增加了 3.4%、5.5%、5.6%、1.6%；2020 年最大值萌芽开花期和坐果膨大期出现在 F_1W_1 处理，新梢生长期和成熟期出现在 F_1W_2 处理，各生育期分别为 2.01 mm、2.28 mm、2.74 mm、2.72 mm；最小值均出现在 F_3W_4 处理。

（2）2019 年各生育期叶面积最大值均出现在 F_1W_2 处理，各生育期较 F_1W_1 处理分别增加了 9.3%、5.8%、5.0%、3.3%；2020 年分别为 1.44 m²/株、2.05 m²/株、2.38 m²/株、2.58 m²/株，萌芽开花期出现在 F_1W_1 处理，其他生育期均出现在 F_1W_2 处理；最小值均出现在 F_3W_4 处理。苹果幼树新梢生长期 SPAD 最大值出现在 F_1W_2 处理，坐果膨大期和成熟期最大值均出现在 F_1W_1 处理。

（3）苹果幼树 P_n、T_r、G_s 基本上随灌水量和施肥量的增加而增加，最大值均出现在 F_1W_1 处理，最小值均出现在 F_3W_4 处理。2019 和 2020 年 P_n 最大值分别为 26.65 μmol/（m²·s）和 32.17 μmol/（m²·s），F_1W_2 处理与其相比，分别降低了 4.2%和 2.1%；T_r 最大值分别为 6.38 mmol/（m²·s）和 6.85 mmol/（m²·s），F_1W_2 处理与其相比，分别降低了 9.7%和 11.5%；G_s 最大值分别为 412.71 mmol/（m²·s）和 428.51 mmol/（m²·s），F_1W_2 处理与其相比，分别降低了 4.2%和 3.0%；苹果幼树 WUE 最大值均出现在 F_1W_2 处理，两年分别为 4.43 μmol/mmol 和 5.20 μmol/mmol，与 F_1W_1 处理相比，分别提高了 5.9%和 10.6%；最小值均出现在 F_3W_4 处理，分别为 3.50 μmol/mmol 和 4.24 μmol/mmol。

（4）不同水肥耦合条件下苹果幼树 P_n、T_r、G_s 的日变化趋势均表现为上午先急剧升高后降低，下午升高后再缓慢降低的趋势，基本呈 M 双峰型特征，两个峰值分别出现在上午 10 点和下午 2 点，在中午 12 点有所下降，均出现了短暂的"午休"现象，各处理最小值均出现在下午 6 点，即全天监测最晚时间点。不同水肥耦合条件下苹果幼树 WUE 的日变化趋势基本上先下降再上升最后再不断下降，全天最大值均出现在上午 8 点，最小值出现在下午 6 点。

（5）两年中苹果幼树干物质量最大值分别为 543.27 g/株和 654.06 g/株，均出现在 F_1W_2 处理，与 F_1W_1 处理相比仅增加了 0.8% 和 0.6%。在 F_1W_2 水肥处理下苹果幼树干物质量和水分生产率均达到最大值，2019 年与 F_1W_1 处理相比分别增加了 0.8% 和 14.6%，2020 年分别增加了 0.6% 和 11.1%，两年中耗水量却分别减少了 12.2% 和 9.4%，F_1W_2 水肥处理为最佳的水肥耦合制度。

（6）苹果幼树植株生长量和叶面积与 P_n、T_r、G_s、生育期耗水量，以及 WUE 间具有较好的线性关系，苹果幼树干物质量与植株生长量、叶面积、SPAD、P_n、T_r、G_s、生育期耗水量，以及 WUE 间也具有较好的线性关系。

15.2　展　望

灌溉和施肥是影响果树生长发育和果实品质形成的两大可调控因素，目前果园灌溉施肥管理较为粗放，大水漫灌方式依然存在，过量施肥造成的面源污染问题也日益突出，如何利用现代的滴灌施肥一体化技术探索合理的灌溉和施肥制度已成为现代果园生产中迫切需要解决的科学问题。目前对果树水肥一体化的研究主要集中在成龄挂果果树上，对果树幼树的研究较少，原因是幼树基本不结果难以反映最终的产量和经济效益，研究较为困难，但幼树是果树生长至关重要的阶段，因此本书在滴灌施肥一体化条件下对苹果幼树水肥耦合效应进行研究，通过改变不同的滴灌溉施肥量，实现最大限度地提高水分生产率的目的，提出苹果树水肥同步高效利用的最佳灌溉施肥制度，指导果农苹果幼树的种植。但以下问题未来还需研究解决。

（1）本书基于较为理想的苹果幼树桶栽种植试验，灌水量和施肥量控制较为严格，如果未来推广到大田种植，需考虑田间水肥损失率，同时还需进一步考虑苹果幼树行株距。

（2）本书结果针对的北方半干旱地区为豫西半干旱区，其他北方半干旱地区，特别是山区丘陵地区是否适用，还需进一步研究。

第3篇　节水减肥对苹果生长发育的影响及综合评价研究

第16章　节水减肥对苹果生长发育的影响及综合评价概述

16.1　研究背景及意义

　　我国幅员辽阔，人口众多，地形气候差异较大，自然水资源并不均匀，人均占有量仅为 2 300 m³，仅为世界平均值的 1/4，是世界 13 个人均水资源占有量贫乏国家之一。我国农业灌溉用水占总用水量的 70%，农业用水问题关乎国家粮食安全，农业节水灌溉技术起步较晚，灌溉用水效率仅为 40%～50%，使得水资源短缺问题更加明显。中国是农业生产使用化肥最多的国家，每年化肥施用量折纯量达 4 300 万吨，占全球化肥使用量的 1/3，单位面积用肥量是世界平均水平的 3 倍多，三大粮食作物水稻、玉米、小麦氮磷钾肥主要肥料当季平均利用率分别为 33%、24%、42%，大量肥料通过径流、淋溶等方式流失，造成了土地生产力下降、作物品质降低和农田水土污染，影响我国农业可持续发展。目前我国大部分灌区特别是北方半干旱地区，灌溉和施肥的方式粗放、用量过大、缺乏科学指导。普遍还是以传统大水漫灌为主，造成水资源严重浪费，肥力流失，土壤盐渍灾害，高效节水灌溉技术推行难，水资源利用效率偏低。肥料施用施入量过大，成本高且效率低，应积极推广水肥一体化技术，发展高效节水灌溉技术，推广滴灌示范田、提高喷灌施肥比例，从而提高肥料利用效率。

我国果树栽培历史悠久，品种资源丰富，水果种植面积和产量消费量均位居世界第一。水果产业在我国农业和国民经济中占据重要地位，与乡村振兴、农村经济发展和农民增收息息相关。随着生活水平的提高，人们对水果营养价值更加重视，高品质水果更受市场欢迎。苹果素有"水果之王"美称，因其风味优美、营养价值高，是全球食用最广泛的水果。中国苹果种植区域较为广泛，主产区以渤海湾、西北黄土高原和黄河故道等温差大、光照资源丰富、降水适中的北方半干旱地区，种植面积和产量占全国总产量的80%以上，苹果在我国果业中占有最重要的地位，对其种植生产技术的研究具有重要价值。

在全球气候变暖的大背景下，林果种植规模不断扩大，显现出北方半干旱地区降水量不足且年内分布不均，水分蒸腾蒸发量大等问题，农业水资源已经成为苹果种植业发展瓶颈。苹果树的根系较发达，地上部分体量大，蒸腾作用耗水作用强，所以需水量比也一般农作物高，土壤水分利用率低下，树冠生长过旺，导致果实品质下降等问题。主要苹果种植区普遍存在苹果园土壤肥力降低、施肥管理不规范等问题，有机肥不足，化肥过量，氮肥比例过高，灌水施肥配合不佳等，这些问题会导致果园土壤酸化、土地板结、果实品质下降，还会导致农业面源污染，对自然生态环境造成极大破坏。因此研究苹果树的水肥利用规律，以高效节水减肥、高产、高品为目标建立科学合理的苹果节水减肥灌溉技术体系对促进苹果高产稳产、提升品质具有重要意义。目前，对于果树水肥规律，以及果实品质评价问题，前人已经有一定的研究，但主要集中在水肥利用效率问题，通常采用主成分分析法（PCA）等进行分析研究，多为以果实品质为单一目标的评价方法，对多目标综合评价的研究还很少。多目标综合评价克服了单一品质指标的局限性，对节水减肥规律的探寻更加准确，更有研究应用价值。

水肥一体化施肥技术是基于滴灌系统发展而成的节水节肥、高产高效的农业工程技术，可以精准有效的为果树提供养分和水分，在作物增产和节水等方面效果显著。滴灌施肥一体化技术依据作物生长发育对水肥的需求，以及土壤内水分养分情况，把液体肥料或者充分溶解的固体肥料，定时定量地将水、肥施入到作物根部，为植物营造良好的生长环境，在提高苹果产量、改善果实品质和节水减肥效果显著。本书研究运用现代水肥一体化技术，在滴灌施肥条件下，通过节水灌溉和肥料减施、对北方地区苹果树生长状况、生理特性、果实产量、品质等进行探索，通过田间试验进行分析研究，揭示节水减肥对苹果生长生理特性和品质的影响机理，在此基础上构建节水减肥条件下苹果生长生理特性及品质的综合评价方法，通过综合评价方式确定出在多维目标上都达到最优的苹果种植最佳滴灌施肥组合。研究成果为深入理解水肥耦合机制，实现苹果增产增收、种植环保节约高效提供理论依据，对增加果农收入，以及促进苹果产业积极发展具有重要的意义。

16.2　国内外研究进展

本研究主要围绕滴灌施肥一体化条件下的节水减肥处理对苹果生长生理特性的影响及苹果品质综合评价方法进行深入研究，国内外相关领域的研究现状和发展趋势如下。

16.2.1　滴灌施肥一体化技术研究现状

滴灌施肥一体化技术就是将滴灌和施肥结合在一起的节水减肥灌溉技术，可以减少水分和肥料损失，在提高作物产量和品质的同时，还能大幅度提高作物水肥利用效率。20 世纪 60 年代，滴灌技术起源于以色列，用来解决本土水资源短缺问题现在，以色列在果树、花卉、温室作物、大田蔬菜和大田作物等领域全面应用该项技术，其中 90%以上的农作物采用灌溉系统施肥，应用面积居世界首位。随着时代的发展，滴灌已经发展成一种新的灌溉施肥模式被广泛应用到干旱缺水，以及经济发达的国家和地区。目前，除了以色列和美国外，水肥一体化技术在欧洲其他国家发展也比较迅速，基础设施和管理体系较为成熟，滴灌技术已经广泛应用于其农业的各个领域当中。与其他发达国家的水肥一体化技术应用发展相比，我国滴灌施肥一体化技术的应用还尚处在研究发展阶段。滴灌水肥一体化技术在20世纪70年代由墨西哥引入中国，20世纪80年代，我国第一代滴灌设备完成自主研制，经过产品改进、试验研究和推广示范，逐步形成了规模化生产。经过几十年发展，应用范围不断扩大，目前在我国中、西部半干旱地区，果园水肥一体化技术发展较快并取得了良好效果，主要应用在苹果、梨、桃、葡萄、樱桃、猕猴桃和枇杷等果园，采用的灌溉形式主要是滴灌和微喷。但是与世界发达国家相比较，我国滴灌施肥一体化技术在果园的应用面积仅为总灌溉面积的1.25%，还需要进一步推广，应用前景广阔。

国外水肥一体化技术研究历史悠久，滴灌施肥一体化技术被广泛应用到干旱缺水，以及经济发达的国家和地区，国外对农作物滴灌施肥一体化研究案例较多，主要表现为利用现代的滴灌施肥一体化技术，有利于提高作物水肥利用效率、产量和品质的水肥耦合效应和技术。有研究表明在半干旱地区滴灌条件下，水氮耦合效应在青贮玉米生长后期和生殖生长中期对产量和经济效益影响显著；在波兰温和气候条件下，滴灌施肥使甜菜平均增产22.8%，甜菜根系的糖含量有明显升高的趋势，甜菜的平均根产量增加；滴灌施肥管理对甘蔗生长发育、产量和总糖产量影响显著，相同产量水平下可减施氮肥25%；地下滴灌系统的充分灌溉可以使马铃薯产量最大化，滴灌系统与亏缺灌溉相结合可以显著提高水分生产率；减少施肥不会改变桃树幼树的氮分配，合理灌溉可以促进桃树营养积累增大冠层体积，提高了果实产量，滴灌方式比喷灌效率更高，可节水约38%的水。

目前国内对滴灌施肥一体化的研究则主要集中在设施大棚中经济价值较高的作物上，对于果树的滴灌施肥一体化技术研究还处于进一步研究探索阶段，对于苹果树滴灌水肥一体化技术有待深入研究。有研究表明滴灌水肥一体化技术对温室袋培番茄的果实品质、产量和水分利用效率影响较为显著；滴灌施肥一体化技术对棉花的籽棉产量、水分利用效率和净收益的水肥耦合效应明显；适宜的灌水量和氮、磷、钾施用量不仅能维持马铃薯较好的生长特性，还能获得较大的产量和经济效益；通过田间试验测定不同处理下玉米的叶绿素相对含量、荧光参数，发现适量的氮肥会提高玉米的叶绿素含量，提高光合效率；灌溉和营养液浓度对黄瓜的生长、产量、品质、水分利用效率和肥料偏生产力均有显著影响；在不同滴灌施肥技术参数下，苹果叶片矿质元素含量不同。

16.2.2　节水减肥对果实品质影响研究现状

水分和养分是果树生长发育过程最基础的条件，人工调控灌水和施肥对植物的生长发育过程和果实的品质影响很大。水肥管理对果实品质的优劣至关重要，因此灌水和施肥需要因地制宜，要科学地使用水资源和肥料，让水肥协同作用，达到"以水促肥，以肥调水"的目的。针对目前果园普遍的高水高肥管理模式，果园节水减肥的研究越来越重要。研究滴灌施肥条件下水氮耦合效应，寻找最优的水肥施用方案，对提高果树水肥资源利用效率，改善果实的品质，具有十分重要的理论意义与实践的意义。

目前国内外对于果实品质相关研究也在开展，但主要集中在番茄、西瓜、葡萄、甜菜等作物上，而滴灌水肥一体化节水减肥对苹果树果实的影响研究报道则较少。关于滴灌施肥一体化条件下苹果果实动态发育过程，以及果实营养积累规律方面还缺乏系统的研究。有研究表明水肥条件能显著提高樱桃果实品质，施肥量和灌水量对苹果果实可滴定酸含量、可溶性固形物含量、粗蛋白的含量、维生素 C 含量，以及可溶性总糖含量均有明显影响；降低肥料使用量时，滴灌方式相较于传统的灌溉和施肥方式提高了苹果梨等果树的产量和糖酸比；在田间膜下滴灌施肥条件下，葡萄果实可溶性固形物和果实硬度较优，可减少水肥的投入；在施肥量一定条件下，调控施肥时间对改善番茄果实营养品质的作用较小，但可显著提高果实的外观品质；随着施肥量的降低，芒果果实横径显著增加；常规施肥减少 20%水肥一体化的条件下，芒果的各项品质指标和产量综合得分最高；西瓜产量和品质随施肥量、

灌水量的增加而呈抛物线趋势，在果实形态与品质方面，横径、维生素 C
含量以高肥中水处理最大。

在水分亏缺处理下的鸡尾酒番茄果实更甜、更酸，但维生素和类胡萝卜
素含量可能会降低；随着灌水量减少和施肥水平的降低，番茄各指标均呈恶
化趋势；100%NPK 配施和轻度亏缺灌溉（作物蒸散量的 80%）处理的水分
利用效率和果实品质最高；随着灌水量和施氮量的增加，根糖和白糖产量增
加，糖含量降低；黑钙土高密度的果园中的果实采收时抗坏血酸、糖和滴定
酸的含量也取决于生长年份的天气条件；在西拉和霞多丽葡萄叶面施氮对氨
基酸含量的提高幅度大于土壤施氮，并且葡萄植株内部的脯氨酸响应干旱的
水平也显著提高。

16.2.3　水果品质综合评价算法研究现状

果实品质综合评价是果树生产中不可或缺的内容，在新品种选育、优株
选育、品比试验、生态适宜性，以及栽培管理评价中均起着重要作用。有研
究表明影响苹果品质的主要指标有三类，一类是感官品质指标，包括异味、
香气；一类是营养品质指标，包括可滴定酸、可溶性固形物、可溶性糖、糖
酸比、固酸比和维生素 C 含量；一类是加工品质指标，引起苹果褐变的酚
类物质或者单宁和出汁率。对于不同用途的苹果，品质评价指标有所侧重。
综合品质是对品质的多维度综合性评价，可以避免单一品质指标的局限性。
目前常见的水果果实品质评价方法有回归分析法、灰色关联法（GRA）、主
成分分析法（PCA）、层次分析法（AHP）、TOPSIS 法等，建立了不同水肥
组合对果实品质评价的评价体系。这些算法基本上都是通过原始苹果品质指
标数据，利用因子分析进行筛选，得到主要的品质指标，建立综合品质判别
函数，以此来构建基于苹果品质的综合评价方法。但是这些算法也有局限性，
只能对部分主要指标进行品质综合评价，评价目标单一，不能寻求在灌水、
施肥、品质等多维目标均到达较优解的方案。因此本书在此基础上构建节水
减肥条件下苹果生长生理特性及品质的综合评价方法，通过综合评价方式确

定出在多维的目标上都达到最优的苹果种植最优滴灌施肥的组合。

有研究在黄果柑果实上使用层次分析法确定各个评价指标的权重建立了一个果实品质指标水平库，构建了果实品质综合评价体系；通过主成分分析和聚类分析法筛选中国 7 个省市的 21 份苹果（等外果）汁的 26 项指标的核心指标，在此基础上运用层次分析法确定指标的权重，最后采用灰色关联法建立苹果（等外果）汁品质综合评价模型；应用偏最小二乘法回归分析确定影响消费者主观感官评价的客观品质指标及其权重，并据此建立了富士苹果品质的消费者主观评价模型；采用主成分分析法和逐步线性回归对 9 个优良梨品种果实的主要性状进行分析评价，证明主成分分析可以提取出主成分，在一定程度上概括这些性状的总体信息量；通过因子分析与逐步回归建立梨综合品质预测模型；对供试葡萄品种的 14 个基本品质指标进行观察测定，应用层次—关联度和主成分分析综合评价了无核鲜食葡萄品质，并根据综合得分进行排序。

有研究通过利用聚类和主成分分析评价苹果种质果实品质的多样性，发现聚类分析揭示了果实重量和果实硬度对苹果品种分组的重要性；应用主成分分析（PCA）模型对不同品种桃李果实的化学成分进行分析，确定解释 20 个桃品种之间关系的最重要的变量，并确定最优品种；使用层次分析法和灰色关联法进行了综合评价分析；基于灰色关联分析和多目标灰色线性规划的可持续发电规划，有研究发现综合 GRA-MOGLP 方法为复杂的可持续发电规划的评估和优化提供了有效的工具；采用层次分析法（AHP）和 TOPSIS 相结合的方法优化草莓超声波辅助渗透脱水的最佳条件；基于 AHP-TOPSIS 的草莓超声波辅助渗透脱水预建模方法，以物理指标和化学指标（维生素 C 含量和总花青素含量）评价草莓超声波辅助渗透脱水的最佳条件。综合评价了晚熟桃品种果实营养品质及化学成分，选用三种常用品种对其营养成分、植物化学成分及抗氧化活性进行了研究，采用主成分分析方法对植物化学数据进行分析，以评价两者之间的关系。采用层次分析法进行分析，用 TOPSIS 技术进行验证，最后对高质量的棕榈油鲜果串最佳标准进行排名。

第17章 节水减肥对苹果生长发育的影响试验设计与方法

17.1 研究内容与技术路线

17.1.1 研究内容

（1）通过实施滴灌水肥一体化试验，探究节水减肥对苹果树生长生理特性的影响。通过设置不同的滴灌施肥水平开展试验，研究滴灌水肥一体化节水减肥处理对苹果树的株高、茎粗、叶面积等生长指标、叶绿素含量、光合作用参数、等生理特征的影响规律。

（2）通过滴灌水肥一体化试验，探究节水减肥对苹果树水肥利用效率影响。通过设置不同的滴灌施肥水平进行试验设计，结合环境温度、环境湿度、降雨量、土壤含水率、土壤养分等气象土壤数据，研究滴灌水肥一体化节水减肥处理对苹果树水分的利用效率和肥料的利用效率影响规律。

（3）通过试验探究节水减肥对苹果树产量和品质的影响，以及综合评价方法。研究滴灌水肥一体化节水减肥处理对苹果树生物质积累、单果重、纵径、横径、果形指数特征的影响规律。

（4）通过对试验数据的整理分析运用主观的层次分析法和客观的熵权法对

指标组合赋权，使用 TOPSIS 法得出综合评价值，构建节水减肥条件下苹果树的综合评价方法模型，通过综合评价探寻苹果树种植的最佳水肥管理制度。

17.1.2　技术路线

研究技术路线如图 17-1 所示。本研究通过设置不同灌水量和不同施肥水平两大关键因素，来布置不同的水肥处理试验，研究滴灌施肥一体化条件下节水减肥对苹果生长生的影响，通过试验探究水肥利用效率，以及土壤水分变化规律。

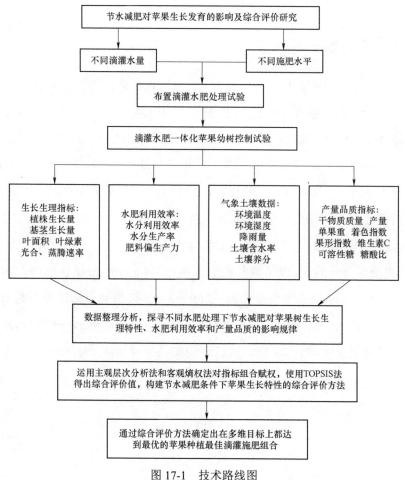

图 17-1　技术路线图

苹果水肥高效利用理论与调控技术

对试验结果理分析找出不同节水减肥组合处理对苹果树生长生理、水肥利用效率、产量等多指标的影响规律。采用 AHP 层次分析法和熵权法对各单一指标进行主观和客观综合赋权，然后利用组合赋权法计算出各个指标最终权重值。基于 TOPSIS 法建立以高效和高产为目标的苹果综合指标评价模型，分析节水减肥对滴灌施肥对苹果综合评价值的影响。

17.2 试验设计与实施

17.2.1 试验概况

本研究于 2021 年 3 月—2022 年 11 月河南省洛阳市河南科技大学西苑校区果园试验棚内进行（东经 112°38′，北纬 34°67′），海拔高度 172 m，试验地属于北方半湿润半干旱地区，年平均气温为 12～15 ℃，年平均降水量 550～600 mm，降雨多集中在 7、8、9 三个月，年平均蒸发量 1 200 mm，无霜期为 218 天，年平均日照时数为 2 291.6 h，试验地 2021 年和 2022 年气象情况如图 17-2 所示。本研究采用桶栽种植树型均一的 3 年生红富士系列"烟富 8 号"苹果树。试验使用土壤为褐土，经过自然风干打碎，过 5 mm 网筛，去杂后混合均匀。现场测量装土容重为 1.4 g/cm³，每桶装土均为 30 kg，土壤理化性质为：硝态氮质量比为 15.69 mg/kg，铵态氮质量比为 6.4 mg/kg，速效磷质量比为 12.6 mg/kg，速效钾质量比为 145.1 mg/kg，pH 为 7.96，田间持水量质量含水率为 24.1%。试验现场安装架设滴灌管道与滴灌喷头进行按期定时间歇限量灌水。

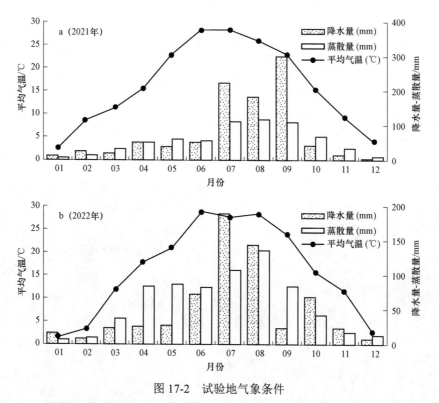

图 17-2　试验地气象条件

17.2.2　试验设计

在果园试验棚的外部环境、灌溉和施肥方式一致的条件下，试验设置灌水与施肥 2 个试验因素，滴灌灌水量设 3 个水平，分别占田间持水量的 75%～90%（W_1）、60%～75%（W_2）、45%～60%（W_3）；滴灌施肥量设 4 个水平，施用的 N-P_2O_5-K_2O 分别为：18-117-6 g/株（F_1）、15-117-6 g/株（F_2）、117-117-6 g/株（F_3）、9-117-6 g/株（F_4），试验采用完全组合设计，共设置处理 12 个处理，进行 3 次重复。试验采用了滴灌水肥一体化形式进行灌水和施肥，使用 TDR 土壤水分测量仪监测土壤含水量，肥料全生育期分 3 次随水施入。苹果树剪枝、植保、果实套袋等处理统一参照本地果园苹果管理制度。本次试验施用的尿素含 N：46%。磷酸氢二铵 N：21%、含 P_2O_5：53%。硫酸钾含 K_2O：52%。

表 17-1　试验处理

滴灌施肥量		滴灌用水量（田间持水量的百分数）		
N-P$_2$O$_5$-K$_2$O		W$_1$	W$_2$	W$_3$
F$_1$	18-117-6 g/株	下限 75% 上限 90%	下限 60% 上限 75%	下限 45% 上限 60%
F$_2$	15-117-6 g/株			
F$_3$	117-117-6 g/株			
F$_4$	9-117-6 g/株			

图 17-3　试验现场照片

17.3　测定项目与方法

17.3.1　生长指标

（1）植株生长量和基茎生长量测量

植株生长量使用钢直尺和卷尺，从基砧部标记点开始，到树顶最高点测量高度。基茎生长量使用钢直尺和游标卡尺，从基砧部标记点开始，在互相垂直的两个方向测量直径取均值，以减小误差。每个生长期测定一次。

（2）叶面积测量

植株单个叶片叶面积采用 Li-3000C 手持式叶面积仪在每个生长期测定一次，随机选取上中下各个方向叶片 10 个，测定后求平均值为单片叶面积，株叶面积＝单片叶面积×叶片数。

17.3.2　生理指标

（1）净光合速率和蒸腾速率测定

选择关键生长阶段天气晴朗的上午 10∶00，使用 Li-6400 型光合测定仪，对不同水肥处理下的苹果树的中上部分布完整的叶片净光合速率（P_n）和蒸腾速率（T_r）等光合指标进行测定。每株苹果树选择 5 片树叶，每次测定取三个稳定数据，每次处理最终数据取 5 片树叶平均值，以减小误差。

（2）叶绿素 SPAD 值测定

使用 SPAD-502 叶绿素计测得的 SPAD 值表示作物叶子中叶绿素的相对含量。每棵树随机选取上中下各方向 12 片叶子测试 SPAD 值，然后求平均值，测量位置为叶片叶柄一侧 2/3 处。生长期内每两周固定时间测量一次。

17.3.3　水肥利用效率指标

水分利用效率（water use efficiency，WUE，µmol·mol^{-1}）计算公式为

$$WUE = P_n/T_r \qquad (17\text{-}1)$$

作物水分生产率（crop water productivity，CWP，kg/m^3）反映作物产出量与其耗用量的关系，定义为

$$CWP = D_m/ET \qquad (17\text{-}2)$$

式中，为 D_m 干物质量，ET 为耗水量。

肥料偏生产力（fertilizer partial productivity，PFP，kg·kg^{-1}）计算公式为

$$PFP = Y/F_T \qquad (17\text{-}3)$$

式中，Y 为产量，F_T 为施入 N、P_2O_5、K_2O 总量。

17.3.4　干物质质量和产量指标

把苹果树基砧部分与地下的部分开，清理干净后，放进干燥箱在 105 ℃ 下杀青 0.5 h，75 ℃干燥至质量不变时，再放入干燥器中进行冷却，冷却后使用电子天平称质量，就得到了干物质质量。

在果实成熟期内，连续采摘不同处理的果实，使用电子秤对果实的质量进行称量测定产量。

17.3.5　果实品质指标

在果实成熟期内，连续采摘不同处理苹果树的果实，使用电子天平对果实的鲜质量进行称量，每个处理称重 5 个，然后求出平均单果质量。

着色指数采用 5 个等级表示：1 级着色面积小于 20%，2 级着色面积为 20%～40%，3 级着色面积为 40%～60%，4 级着色面积为 60%～80%，5 级着色面积大于 80%。

每个处理随机挑选 5 个苹果，用电子游标卡尺测量苹果的横向直径与纵向直径，计算纵径与横径的比值，得出果形指数。

苹果果实的维生素 C 含量采用钼蓝比色法进行测定，可溶性糖采用蒽酮比色法进行测定，果实酸度采用酸碱滴定法进行测定，并计算糖酸比。

17.4　数据处理与分析

使用 Excel 2019 对进行数据整理和图表绘制；采用 Yaahp 软件设计解算苹果综合评价层次模型；使用 SPSS26 软件进行数据分析与显著性检验；利用 SPSSPRO 进行各项指标的权重计算及综合评价分析。

第18章 节水减肥对苹果树
生长指标的影响

18.1 节水减肥对苹果树各生育期
植株生长量的影响

节水减肥对苹果树各生育期植株生长量的影响如表 18-1、表 18-2 所示，2021 年不同施肥处理对苹果树新梢旺长期和果实成熟期的植株生长量产生显著影响（$P<0.05$），对其余的生育期产生极显著影响（$P<0.01$）；2022 年对萌芽开花期植株生长量产生显著影响（$P<0.05$），对其他生育期均产生极显著影响（$P<0.01$）。2021 年不同灌水处理对各生育期植株生长量均产生显著影响（$P<0.05$）；2022 年对萌芽开花期和新梢旺长期产生显著影响（$P<0.05$），对其他生育期均产生极显著影响（$P<0.01$）。

表 18-1 滴灌水肥一体化节水减肥对苹果树各生育期植株生长量影响（2021 年）

施肥处理	灌水处理	萌芽开花期	新梢旺长期	坐果膨大期	果实成熟期	全生育期
F_1	W_1	20.75±1.48bcd	23.40±1.84abc	23.30±2.69abc	9.95±1.34ab	77.40±7.35abcd
	W_2	22.65±1.20abc	25.95±2.62a	25.00±2.97ab	10.75±1.77ab	84.35±8.56ab
	W_3	19.00±1.56de	19.50±2.12bcde	17.85±3.89bcd	8.20±0.99abc	64.55±8.56cde

施肥处理	灌水处理	萌芽开花期	新梢旺长期	坐果膨大期	果实成熟期	全生育期
F_2	W_1	24.15±0.92ab	21.90±1.56abcd	24.55±2.33ab	9.90±1.13ab	80.50±5.94abc
	W_2	24.95±1.48a	23.80±2.55ab	27.10±3.25a	11.20±1.41a	87.05±8.70a
	W_3	20.00±2.83cd	17.10±4.10def	20.20±2.97abcd	9.20±0.42abc	66.50±10.32bcde
F_3	W_1	20.80±0.99bcd	19.95±0.49bcde	20.90±2.83abcd	9.25±1.77abc	70.90±6.08abcde
	W_2	20.40±0.57cd	20.95±0.78bcd	21.80±4.95abcd	10.10±2.26ab	73.25±8.56abcde
	W_3	16.60±0.42e	15.10±2.97ef	15.75±3.32cd	7.95±1.63abc	55.40±7.50ef
F_4	W_1	15.70±0.14e	17.80±0.28def	18.13±2.81bcd	8.00±0.99abc	59.63±3.95def
	W_2	16.05±2.62e	18.70±0.42cdef	18.30±5.66bcd	7.50±0.42bc	60.55±9.12def
	W_3	11.30±0.85f	14.10±1.27f	13.56±2.04d	6.20±0.28c	45.16±4.45f
显著性分析（F）						
施肥		79.637**	17.108*	144.324**	10.040*	166.829**
灌水		98.440*	29.229*	33.310*	19.146*	85.844*
施肥×灌水		0.964	1.348	0.857	5.045*	2.431

注：*表示显著性差异（$P<0.05$），**表示极显著差异（$P<0.01$）；每列数据后字母表示各处理间差异显著（$P<0.05$），下同。

2021 年水肥交互作用对果实成熟植株生长量产生了显著影响（$P<0.05$），对其他生长期期影响不显著；2022 年水肥交互作用对新梢旺长期产生显著影响（$P<0.05$），对果实成熟期产生极显著影响（$P<0.01$），对其他生长期期影响并不显著。2021 年施肥处理对苹果树全生育期植株生长量产生极显著影响（$P<0.01$），灌水处理对苹果树全生育期植株生长量均产生显著影响（$P<0.05$）。水肥交互作用对苹果树全生育期植株生长量影响并不显著。2022 年施肥处理、灌水处理和水肥交互对苹果树全生育期的植株生长量都产生极显著影响（$P<0.01$）。

从表 18-1、表 18-2 可以看出，2021 年施肥量相同条件下，W_2 处理苹果树植株生长量略高于 W_1 处理，整体表现为 $W_2>W_1>W_3$；2022 年除处理 F_4 外，施肥量相同时，W_2 处理下苹果树植株生长量较 W_1 处理稍高，W_3 处理最低，而处理 F_4 条件下仍表现为 $W_1>W_2>W_3$。2021 年灌水量相同时，苹果树植株生长量在 F_2 处理下最高，F_1 处理次之，整体随施肥量降低而降低，依次为 F_2、F_1、F_3、F_4；施肥量越高，灌水处理 W_2 苹果树植株生长量与 W_1 差距越大。这说明在施肥充足的条件下，轻度缺水灌溉更有利于苹果树植株的生长，但在 F_4 处理下表现不明显。2022 年灌水量相同时，苹果树植株生长量在 F_2 处理下最高，F_1 处理次之，依次为 F_2、F_1、F_3、F_4，在 W_3 的低水条件下，苹果树植株生长量随施肥量增加而增加，依次为 F_1、F_2、F_3、F_4。这说明在逆境条件下，灌溉量对苹果树植株的生长影响相较于施肥量更为明显。由 2021 年与 2022 年的试验结果对比分析可知，两年间节水减肥对苹果树植株生长量的影响规律基本相同，都表现为 F_2W_2 处理最有利于苹果树植株的生长。

表 18-2　滴灌水肥一体化节水减肥对苹果树各生育期植株生长量影响（2022 年）

施肥处理	灌水处理	萌芽开花期	新梢旺长期	坐果膨大期	果实成熟期	全生育期
F_1	W_1	19.15±4.45a	28.55±4.6ab	10.05±0.64abc	18.60±2.97a	76.35±12.66ab
	W_2	19.75±3.75a	29.95±3.61ab	11.30±2.12ab	18.80±2.12a	79.80±11.6ab
	W_3	11.35±3.18bc	21.15±2.62abc	6.15±0.49ef	10.10±1.56cde	48.75±7.85cd
F_2	W_1	18.70±4.38a	29.50±5.66ab	10.85±0.35ab	20.05±2.05a	79.10±12.45ab
	W_2	20.85±2.33a	31.35±5.44a	12.30±1.41a	22.65±1.34a	87.15±10.54a
	W_3	9.70±2.12bc	20.15±2.33bc	6.00±0.99ef	10.35±2.90bcde	46.20±8.34cd
F_3	W_1	15.35±2.47ab	24.95±5.02abc	9.10±0.57bcd	13.75±0.78bc	63.15±8.84bc
	W_2	15.20±5.66ab	26.75±6.29abc	9.35±0.64bcd	14.50±0.99b	65.80±13.58abc
	W_3	8.60±0.99bc	17.90±2.26c	4.75±1.06f	8.50±1.98de	39.75±6.29d
F_4	W_1	10.60±0.42bc	22.80±3.96abc	8.00±0.71cde	12.25±0.07bcd	53.65±5.02cd
	W_2	8.95±0.49bc	20.85±3.75bc	7.20±0.42de	11.50±0.14bcd	48.50±3.82cd
	W_3	6.50±0.57c	16.55±2.19c	4.00±0.71f	7.25±1.48e	34.30±4.95d
显著性分析（F）						
施肥灌水施肥×灌水		11.095*	54.776**	107.011**	35.306**	33.427**
		73.186*	21.112*	162.235**	209.434**	167.102**
		3.264	7.963*	3.418	13.005**	14.340**

2021 年在不同水肥处理下，苹果树各生育期的植株生长量最大值除新梢旺长期是 F_1W_2 处理外，均出现在 F_2W_2 处理，分别为 24.95 cm、25.95 cm、27.10 cm、11.20 cm，比 F_1W_1 处理分别增加了 20.2%、10.9%、16.3%、12.56%；2022 年不同处理下苹果树各生育期的植株生长量最大值和 2021 年的基本相同，均出现在 F_2W_2 处理，依次为 20.85 cm、31.35 cm、12.3 cm、22.65 cm，比 F_1W_1 处理分别增加了 8.8%、9.8%、22.4%、21.78%。2021 年苹果树各生育期植株生长量最小值均出现在 F_4W_3 处理，分别为 11.30 cm、14.10 cm、13.56 cm、6.20 cm，2022 年与 2021 年相同，最小值均出现在 F_4W_3 处理，分别为 6.50 cm、16.55 cm、4.00 cm、7.25 cm，这说明各生育期苹果树植株生长对节水减肥调控响应效果都比较明显。在 F_2W_2 处理下最有利于苹果树植株生长，F_4W_3 处理对苹果树植株生长最为不利。

2021 年在 F_1、F_2、F_3 和 F_4 条件下，苹果树全生育期植株生长总量分别为 226.30 cm、234.05 cm、199.55 cm、165.34 cm，F_1、F_3 和 F_4 分别比 F_2 减少了 3.3%、14.7% 和 29.4%；2022 年在 F_1、F_2、F_3 和 F_4 条件下，苹果树全生育期植株生长总量分别为 204.90 cm、212.45 cm、168.7 cm、136.45 cm，F_1、F_3 和 F_4 分别比 F_2 减少了 3.6%、20.6% 和 35.8%。2021 年在 W_1、W_2 和 W_3 条件下，植株生长总量分别为 288.43 cm、305.2 cm、231.61 cm，W_2 比 W_1 处理增加了 5.8%，W_3 处理比 W_1 处理减少了 19.7%；2022 年在 W_1、W_2 和 W_3 条件下，植株生长总量分别为 272.25 cm、281.25 cm、169.00 cm，W_2 比 W_1 处理增加了 3.3%，W_3 处理比 W_1 处理减少了 37.9%。这说明，综合来看 F_2W_2 处理是最有利于苹果树植株的生长的节水减肥调控，F_4W_3 和过高的施肥量和灌水量都可能对苹果树植株的生长有抑制作用。

18.2　节水减肥对苹果树各生育期基茎生长量的影响

节水减肥对苹果树各生育期基茎生长量的影响如表 18-3、表 18-4 所示，2021 年不同施肥处理对苹果树新梢旺长期基茎生长量产生了显著影响（$P<0.05$），对其他生长期影响不显著；2022 年对果实成熟期基茎生长量产生极显著影响（$P<0.01$），对其他生育期均产生显著影响（$P<0.05$）。2021 年不同灌水处理对萌芽开花期和新梢旺长期基茎生长量产生极显著影响（$P<0.01$），对其他生育期均产生显著影响（$P<0.05$）；2022 年对萌芽开花期产生显著影响（$P<0.05$），对果实成熟期产生极显著影响（$P<0.01$），对其他生长期期影响不显著。2021 年水肥交互作用对坐果膨大期产生极显著影响（$P<0.01$），对新梢旺长期和果实成熟期基茎生长量产生显著影响（$P<0.05$），对萌芽开花期影响不显著；2022 年水肥交互作用对坐果膨大期和果实成熟期产生显著影响（$P<0.05$），对其他生长期影响不显著。2021 年和 2022 年施肥处理、灌水处理和水肥交互作用对苹果树全生育期基茎生长量均产生显著影响（$P<0.05$）。

表 18-3　滴灌水肥一体化节水减肥对苹果树各生育期基茎生长量影响（2021 年）

施肥处理	灌水处理	萌芽开花期	新梢旺长期	坐果膨大期	果实成熟期	全生育期
F_1	W_1	1.27±0.16bc	1.65±0.16bc	1.34±0.19abc	0.68±0.06abcd	4.93±0.57bc
	W_2	1.42±0.16ab	1.73±0.06ab	1.46±0.16abc	0.72±0.10abc	5.32±0.47ab
	W_3	0.70±0.13efg	1.05±0.15de	0.88±0.06def	0.43±0.01def	3.04±0.10def
F_2	W_1	1.30±0.23abc	1.74±0.16ab	1.57±0.38ab	0.83±0.14ab	5.44±0.91ab
	W_2	1.66±0.26a	1.90±0.17a	1.62±0.33a	0.96±0.30a	6.13±1.07a
	W_3	0.73±0.11ef	0.99±0.01de	0.84±0.13def	0.45±0.08cdef	3.00±0.34def

续表

施肥处理	灌水处理	萌芽开花期	新梢旺长期	坐果膨大期	果实成熟期	全生育期
F₃	W₁	1.19±0.09bcd	1.48±0.04c	1.17±0.13bcd	0.66±0.10bcd	4.49±0.27bc
	W₂	1.23±0.11bcd	1.57±0.03bc	1.08±0.18cde	0.69±0.13abcd	4.57±0.39bc
	W₃	0.52±0.04fg	0.90±0.07ef	0.72±0.01ef	0.34±0.04ef	2.48±0.03ef
F₄	W₁	0.95±0.19cde	1.42±0.06c	1.08±0.06cde	0.57±0.06bcde	4.02±0.13cd
	W₂	0.86±0.19def	1.20±0.04d	0.88±0.05def	0.42±0.06def	3.35±0.04de
	W₃	0.34±0.05g	0.69±0.01f	0.60±0.05f	0.28±0.01f	1.90±0.01f
显著性分析（F）						
施肥灌水		6.130	10.648*	8.179	8.884	9.711*
施肥		232.700**	738.107**	25.740*	20.138*	88.347*
施肥×灌水		1.281	4.908*	19.366**	7.714*	8.373*

从表 18-3、表 18-4 可以看出，2021 年除 F₄ 外，施肥量相同时，W₂ 处理下苹果树基茎生长量较 W₁ 处理稍高，W₃ 处理最低，而处理 F₄ 条件下仍表现为 W₁＞W₂＞W₃；2022 年除处理 F₃、F₄ 外，施肥量相同时，W₂ 处理下苹果树基茎生长量较 W₁ 处理稍高，W₃ 处理最低，而处理 F₃、F₄ 条件下仍表现为 W₁＞W₂＞W₃。

2021 年灌水量相同时，苹果树基茎生长量在 F₂ 处理下最高，F₁ 处理次之，整体随施肥量降低而降低，依次为 F₂、F₁、F₃、F₄，在 W₃ 的低水条件下，苹果树植株生长量随施肥量增加而增加，依次为 F₁、F₂、F₃、F₄。这说明在逆境条件下，灌溉量对苹果树植株的生长的影响相较于施肥量更为明显。

表 18-4　滴灌水肥一体化节水减肥对苹果树各生育期基茎生长量影响（2022 年）

施肥处理	灌水处理	萌芽开花期	新梢旺长期	坐果膨大期	果实成熟期	全生育期
F₁	W₁	1.94±0.35abcd	1.01±0.30ab	1.37±0.42ab	1.22±0.21bc	5.53±1.27ab
	W₂	2.05±0.47abc	0.97±0.11abc	1.46±0.45a	1.25±0.13bc	5.72±1.16ab
	W₃	1.15±0.18def	0.64±0.06bcd	0.62±0.06cde	0.65±0.10fgh	3.06±0.40cde

续表

施肥处理	灌水处理	萌芽开花期	新梢旺长期	坐果膨大期	果实成熟期	全生育期
F₂	W₁	2.18±0.49ab	1.17±0.41a	1.64±0.40a	1.38±0.09ab	6.36±1.39a
	W₂	2.25±0.57a	1.28±0.36a	1.69±0.45a	1.54±0.04a	6.75±1.41a
	W₃	1.08±0.13ef	0.66±0.04bcd	0.67±0.06bcde	0.75±0.08efg	3.16±0.32cde
F₃	W₁	1.89±0.38abcd	0.83±0.11abc	1.32±0.49abc	1.09±0.06cd	5.12±1.05abc
	W₂	1.75±0.40abcde	0.86±0.09abc	1.25±0.37abcd	1.09±0.09cd	4.94±0.95abc
	W₃	0.90±0.19f	0.48±0.08cd	0.52±0.04de	0.54±0.01gh	2.43±0.29de
F₄	W₁	1.40±0.06bcdef	0.81±0.13abcd	0.97±0.08abcde	0.92±0.04de	4.09±0.30bcd
	W₂	1.27±0.03cdef	0.60±0.26bcd	0.50±0.11e	0.79±0.11ef	3.15±0.51cde
	W₃	0.63±0.14f	0.32±0.01d	0.36±0.03e	0.44±0.03h	1.75±0.21e

显著性分析（F）

施肥 灌水 施肥×灌水	10.203*	13.620*	13.989*	48.130**	22.050*
	47.121*	11.487	11.910	293.238**	27.914*
	2.031	1.558	7.878*	7.834*	8.294*

2022 年灌水量相同时，苹果树基茎生长量在 F_2 处理下最高，F_1 处理次之，依次为 F_2、F_1、F_3、F_4。这说明在施肥充足的条件下，轻度缺水灌溉更有利于苹果树基茎的生长。由 2021 年与 2022 年的试验结果对比分析可知，两年间节水减肥对苹果树期基茎生长量的影响规律基本相同，都表现为 F_2W_2 处理最有利于苹果树期基茎的生长。

2021 年不同水肥处理下苹果树各生育期基茎生长量最大值均出现在 F_2W_2 处理，分别为 1.66 mm、1.9 mm、1.62 mm、0.96 mm，比 F_1W_1 处理分别增加 30.7%、15.2%、20.9%、41.2%；2022 年与 2021 年基本相同，均出现在 F_2W_2 处理，依次为 2.25 mm、1.28 mm、1.69 mm、1.54 mm，比 F_1W_1 处理分别增加了 16.0%、26.7%、23.4%、26.2%。2021 年苹果树各生育期基茎生长量最小值均出现在 F_4W_3 处理，分别为 0.34 mm、0.69 mm、0.60 mm、0.28 mm，2022 年与 2021 年相同，最小值均出现在 F_4W_3 处理，分别为 0.63 mm、0.32 mm、0.36 mm、0.44 mm，这表明在各生育期苹果树基茎生

长对节水减肥调控响应效果都比较明显。在 F_2W_2 处理下最有利于苹果树基茎生长，F_4W_3 处理对苹果树基茎生长最不利。

2021 年在 F_1、F_2、F_3 和 F_4 条件下，苹果树全生育期基茎生长总量分别为 13.29 mm、14.57 mm、11.54 mm、9.27 mm，F_1、F_3 和 F_4 分别比 F_2 减少了 8.8%、20.8% 和 36.4%；2022 年在 F_1、F_2、F_3 和 F_4 条件下，苹果树全生育期基茎生长总量分别为 14.31 mm、16.27 mm、12.49 mm、8.99 mm，F_1、F_3 和 F_4 分别比 F_2 减少了 12.0%、23.2% 和 44.7%。2021 年在 W_1、W_2 和 W_3 条件下，基茎生长总量分别为 18.88 mm、19.37 mm、10.42 mm，W_2 比 W_1 处理增加了 2.6%，W_3 处理比 W_1 处理减少了 44.8%；2022 年在 W_1、W_2 和 W_3 条件下，基茎生长总量分别为 21.1 mm、20.56 mm、10.4 mm，W_2 比 W_1 处理减少了 2.6%，W_3 处理比 W_1 处理减少了 50.7%。这说明，综合来看 F_2W_2 处理是最有利于苹果树基茎的生长的节水减肥调控，F_4W_3 和过高的施肥量和灌水量都可能对苹果树基茎的生长有抑制作用。

18.3 节水减肥对苹果树各生育期叶面积的影响

节水减肥对苹果树各生育期叶面积的影响如表 18-5、18-6 所示，2021 年不同施肥处理对苹果树新梢旺长期叶面积产生了显著影响（$P<0.05$），对其他生长期均产生极显著影响（$P<0.01$）；2022 年对萌芽开花期、坐果膨大期和果实成熟期均产生显著影响（$P<0.05$），对新梢旺长期叶面积影响不显著。2021 年不同灌水处理对新梢旺长期、坐果膨大期和果实成熟期叶面积产生显著影响（$P<0.05$），对萌芽开花期影响不显著；2022 年对萌芽开花期产生显著影响（$P<0.05$），对其他生长期均产生极显著影响（$P<0.01$）。2021 年水肥交互作用对新梢旺长期、坐果膨大期和果实成熟期叶面积产生显著影响（$P<0.05$），对萌芽开花期影响不显著；2022 年水肥交互作用对萌芽开花期和果实成熟期产生极显著影响（$P<0.01$），对其他生长期影响不

显著。2021 年施肥处理对苹果树全生育期叶面积产生极显著影响（$P<0.01$），灌水处理和水肥交互作用对苹果树全生育期叶面积均产生显著影响（$P<0.05$）；2022 年施肥处理对苹果树全生育期叶面积产生显著影响（$P<0.05$），灌水处理对苹果树全生育期叶面积产生极显著影响（$P<0.01$），水肥交互作用对苹果树全生育期叶面积影响不显著。

从表 18-5、表 18-6 可以看出，2021 年和 2022 年除 F_4 外，施肥量相同时，W_2 处理下苹果树叶面积较 W_1 处理稍高，W_3 处理最低，而 F_4 条件下仍表现为 $W_1>W_2>W_3$。2021 年和 2022 年灌水量相同时，苹果树叶面积在 F_2 处理下最高，F_1 处理次之，整体随施肥量降低而降低，依次为 F_2、F_1、F_3、F_4。

表 18-5　滴灌水肥一体化节水减肥对苹果树各生育期叶面积影响（2021 年）

施肥处理	灌水处理	萌芽开花期	新梢旺长期	坐果膨大期	果实成熟期	全生育期
F_1	W_1	0.058±0.016ab	0.092±0.027abc	0.124±0.013abcd	0.185±0.038abc	0.458±0.095abc
	W_2	0.061±0.020ab	0.114±0.024ab	0.136±0.023abc	0.194±0.037ab	0.505±0.104ab
	W_3	0.045±0.005abc	0.077±0.023abc	0.101±0.012bcde	0.120±0.032bcd	0.342±0.071bcd
F_2	W_1	0.060±0.011ab	0.102±0.027abc	0.146±0.025ab	0.197±0.037ab	0.505±0.101ab
	W_2	0.065±0.017a	0.116±0.025a	0.154±0.024a	0.216±0.059a	0.551±0.125a
	W_3	0.041±0.004abc	0.079±0.024abc	0.096±0.004cde	0.133±0.018bcd	0.348±0.05abcd
F_3	W_1	0.044±0.007abc	0.086±0.029abc	0.121±0.018abcd	0.174±0.027abcd	0.425±0.081abcd
	W_2	0.049±0.008abc	0.080±0.011abc	0.130±0.027abc	0.180±0.033abcd	0.438±0.079abcd
	W_3	0.033±0.006bc	0.060±0.021bc	0.068±0.013e	0.106±0.025cd	0.266±0.066cd
F_4	W_1	0.041±0.015abc	0.075±0.011abc	0.093±0.013cde	0.139±0.016abcd	0.347±0.054abcd
	W_2	0.035±0.011bc	0.060±0.016bc	0.083±0.018de	0.119±0.036bcd	0.296±0.081cd
	W_3	0.026±0.009c	0.055±0.019c	0.068±0.021e	0.100±0.021d	0.247±0.069d
显著性分析（F）						
施肥		31.073**	26.562*	511.891**	34.625**	87.195**
灌水		9.359	76.642*	38.929*	31.724*	47.155*
施肥×灌水		1.797	6.019*	6.609*	5.247*	8.258*

表 18-6   滴灌水肥一体化节水减肥对苹果树各生育期叶面积影响（2022 年）

施肥处理	灌水处理	萌芽开花期	新梢旺长期	坐果膨大期	果实成熟期	全生育期
F_1	W_1	0.043±0.005abcd	0.135±0.045ab	0.165±0.03abc	0.192±0.035ab	0.534±0.115abcd
	W_2	0.050±0.004abc	0.141±0.042ab	0.176±0.035ab	0.210±0.037a	0.576±0.119abc
	W_3	0.036±0.004bcde	0.094±0.014abc	0.105±0.013bcd	0.127±0.022bc	0.362±0.053cde
F_2	W_1	0.053±0.011ab	0.150±0.052a	0.186±0.046a	0.211±0.049a	0.600±0.159ab
	W_2	0.061±0.008a	0.151±0.042a	0.195±0.048a	0.218±0.047a	0.624±0.146a
	W_3	0.032±0.006cde	0.091±0.026abc	0.114±0.019bcd	0.128±0.029bc	0.363±0.081cde
F_3	W_1	0.045±0.014abcd	0.090±0.016abc	0.129±0.013abcd	0.155±0.019abc	0.418±0.03abcde
	W_2	0.054±0.006ab	0.106±0.004abc	0.139±0.009abc	0.164±0.021abc	0.462±0.033abcd
	W_3	0.026±0.008de	0.070±0.023bc	0.100±0.028cd	0.116±0.03bc	0.310±0.089de
F_4	W_1	0.041±0.01abcd	0.093±0.004abc	0.110±0.021bcd	0.145±0.019abc	0.388±0.054bcde
	W_2	0.035±0.008bcde	0.070±0.001bc	0.096±0.011cd	0.118±0.022bc	0.318±0.042de
	W_3	0.019±0.006e	0.042±0.033c	0.064±0.042d	0.099±0.025c	0.223±0.105e
显著性分析（F）						
施肥 灌水 施肥×灌水		19.110*	5.258	28.061*	21.220*	16.607*
		51.329*	323.220**	1 406.083**	284.082**	1 476.879**
		20.353**	0.642	1.433	8.928**	2.058

由 2021 年与 2022 年的试验结果对比分析可知，两年间节水减肥对苹果树期叶面积的影响规律基本相同，都表现为 F_2W_2 处理最有利于苹果树叶面积的生长。2021 年不同水肥处理下苹果树各生育期叶面积最大值均出现在 F_2W_2 处理，分别为 0.065 m²/株、0.116 m²/株、0.154 m²/株、0.216 m²/株，比的 F_1W_1 处理分别增加了 12.1%、26.1%、24.2%、16.8%；2022 年不同水肥处理下苹果树各生育期叶面积最大值与 2021 年基本相同，均出现在 F_2W_2 处理，依次为 0.061 m²/株、0.151 m²/株、0.195 m²/株、0.218 m²/株，比 F_1W_1 处理分别增加了 41.7%、11.9%、18.2%、13.5%。2021 年苹果树各生育期叶面积最小值均出现在 F_4W_3 处理，分别为 0.026 m²/株、0.055 m²/株、0.068 m²/株、0.100 m²/株，2022 年与 2021 年相同，最小值均出现在 F_4W_3 处理，分别为 0.019 m²/株、0.042 m²/株、0.064 m²/株、0.099 m²/株，这说明各生育期苹果

树叶面积生长对节水减肥调控响应效果都比较明显。在 F_2W_2 处理下最有利于苹果树叶面积生长，F_4W_3 处理对苹果树叶面积生长最为不利。

2021 年在 F_1、F_2、F_3 和 F_4 条件下，苹果树全生育期植株生长总量分别为 1.305 m^2/株、1.404 m^2/株、1.129 m^2/株、0.890 m^2/株，F_1、F_3 和 F_4 分别比 F_2 减少了 7.1%、19.6% 和 36.6%；2022 年在 F_1、F_2、F_3 和 F_4 条件下，苹果树全生育期植株生长总量分别为 1.472 m^2/株、1.587 m^2/株、1.190 m^2/株、0.929 m^2/株，F_1、F_3 和 F_4 分别比 F_2 减少了 7.2%、25.0% 和 41.5%。2021 年在 W_1、W_2 和 W_3 条件下，植株生长总量分别为 1.735 m^2/株、1.790 m^2/株、1.203 m^2/株，W_2 比 W_1 处理增加了 3.2%，W_3 处理比 W_1 处理减少了 30.7%；2022 年在 W_1、W_2 和 W_3 条件下，植株生长总量分别为 1.940 m^2/株、1.980 m^2/株、1.258 m^2/株，W_2 比 W_1 处理增加了 2.1%，W_3 处理比 W_1 处理减少了 35.2%。

这说明，综合来看 F_2W_2 处理是最有利于苹果树叶面积的生长的节水减肥调控，过低或过高的施肥量和灌水量都可能对苹果树叶面积的生长有抑制作用。

第 19 章 节水减肥对苹果树
生理指标的影响

19.1 节水减肥对苹果树各生育期叶绿素的影响

不同的水肥处理对苹果树各个时期叶绿素含量（SPAD）的影响如图 19-1
和图 19-2 所示，2021 年和 2022 年不同灌水处理对苹果树 SPAD 均产生
极显著影响（$P<0.01$）；不同施肥处理对苹果树 SPAD 均产生极显著影
响（$P<0.01$），水肥交互作用对苹果树 SPAD 均产生极显著影响（$P<0.01$），
这表明 SPAD 值可以很好的反应苹果树水肥情况，可作为试验中灌水施肥程
度的参考。

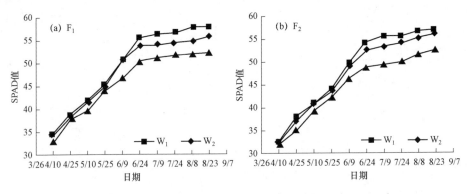

图 19-1 水肥处理对苹果树不同时期叶绿素含量的影响（2021 年）

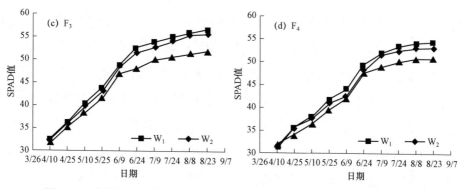

图 19-1 水肥处理对苹果树不同时期叶绿素含量的影响（2021 年）（续）

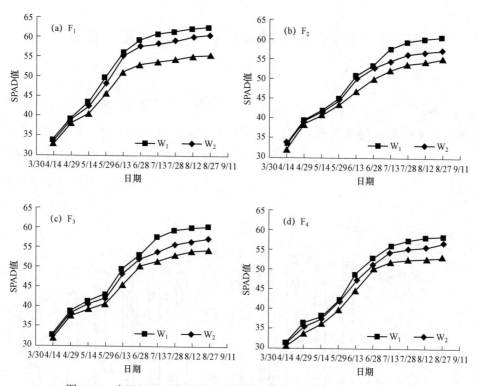

图 19-2 水肥处理对苹果树不同时期叶绿素含量的影响（2022 年）

从图 19-1 和图 19-2 可以看出，随着苹果树生长和发育，叶绿素含量在生育中前期增加较快，在生育后期增加则逐步趋于平稳。2021 年灌水量相同时，苹果树 SPAD 在萌芽开花期开始增加，在其他生育期均表现为 $F_1 >$

$F_2 > F_3 > F_4$；施肥量相同时，在坐果膨大期和成熟期均表现为 $W_1 > W_2 > W_3$。苹果树 SPAD 最大值 57.69 出现在 F_1W_1 处理；最小值 50.59 出现在 F_4W_3 处理。2022 年灌水量相同时，苹果树 SPAD 在萌芽开花期开始增加，在其他生育期均表现为 $F_1 > F_2 > F_3 > F_4$；施肥量相同时，在坐果膨大期和成熟期均表现为 $W_1 > W_2 > W_3$。苹果树 SPAD 最大值 62.59 出现在 F_1W_1 处理；最小值 52.95 出现在 F_4W_3 处理。随着施肥量的减少，叶绿素含量开始快速增加的时间点依次推迟。W_3 在苹果树的生长和发育过程中，随着生育期的推移灌水和施肥对叶片叶绿素含量的影响不断增大。

19.2　节水减肥对苹果树光合速率的影响

水肥处理对苹果树叶片净光合速率（P_n）的影响如图 19-3 和图 19-4 所示，两年中灌水对苹果树 P_n 均产生了显著的影响（$P < 0.05$）；施肥对 P_n 均产生极显著影响（$P < 0.01$）；2021 年和 2022 年水肥交互作用对 P_n 影响均不显著。

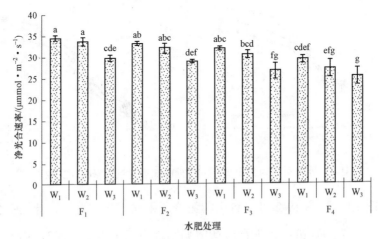

图 19-3　水肥处理对苹果树净光合速率的影响（2021 年）

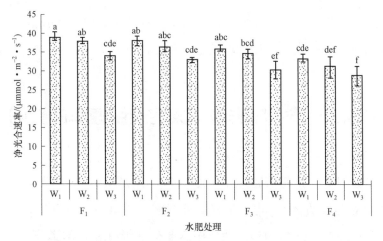

图 19-4　水肥处理对苹果树净光合速率的影响（2022 年）

从图 19-3 和图 19-4 可以看出，两年中灌水量相同时，P_n 基本上随施肥量的增加而增加，由大到小依次为 F_1、F_2、F_3、F_4；施肥量相同时，P_n 基本上随灌水量的增加而增加，由大到小依次为 W_1、W_2、W_3；不同水肥处理下 P_n 的最大值均出现在 F_1W_1 处理，2021 和 2022 年分别为 34.63 μmol/（m^2·s）和 39.26 μmol/（m^2·s），F_1W_2 处理与其相比，分别降低了 2.6% 和 3.1%，这说明轻度缺水处理对苹果树叶片净光合速率（P_n）的影响并不大；不同水肥处理下 P_n 最小值均出现在 F_4W_3 处理，分别为 25.39 μmol/（m^2·s）和 28.78 μmol/（m^2·s）。

2021 年在 F_1、F_2、F_3 和 F_4 条件下，各灌水处理 P_n 总量分别为 98.17 μmol/（m^2·s）、94.42 μmol/（m^2·s）、89.41 μmol/（m^2·s）、82.00 μmol/（m^2·s），F_2、F_3 和 F_4 分别比 F_1 减少了 3.8%、8.9% 和 16.5%；在 W_1、W_2 和 W_3 条件下，各施肥处理 P_n 总量分别为 129 μmol/（m^2·s）、123.74 μmol/（m^2·s）、110.96 μmol/（m^2·s），W_2、W_3 分别比 W_1 减少了 4.3%、14.2%。

2022 年在 F_1、F_2、F_3 和 F_4 条件下，各灌水处理 P_n 总量分别为 111.31 μmol/（m^2·s）、107.76 μmol/（m^2·s）、101.06 μmol/（m^2·s）、93.39 μmol/（m^2·s），F_2、F_3 和 F_4 分别比 F_1 减少了 3.2%、9.2% 和 16.1%；在 W_1、W_2 和 W_3 条件

下，各施肥处理 P_n 总量分别为 146.76 μmol/（m²·s）、140.49 μmol/（m²·s）、126.27 μmol/（m²·s），W_2、W_3 分别比 W_1 减少了 4.3%、14.0%。

19.3 节水减肥对苹果树蒸腾速率的影响

水肥处理对苹果树蒸腾速率（T_r）的影响如图 19-5 和图 19-6 所示，两年中灌水对苹果幼树 T_r 均产生极显著影响（$P<0.01$）；施肥对苹果树 T_r 均产生显著影响（$P<0.05$）；两年中水肥交互作用对 T_r 的影响均不显著。

从图中可以看出，2021 年和 2022 年灌水量相同时，T_r 基本上随施肥量的增加而增加，由大到小依次为 F_1、F_2、F_3、F_4；两年中施肥量相同时，T_r 基本上随灌水量的增加而增加，由大到小依次为 W_1、W_2、W_3；不同水肥处理下 T_r 的最大值均出现在 F_1W_1 处理，2021 和 2022 年分别为 7.30 mmol/（m²·s）和 8.60 mmol/（m²·s），F_1W_2 处理与其相比，分别降低了 10.4% 和 7.7%；不同水肥处理下 T_r 最小值均出现在 F_4W_3 处理，分别为 5.76 mmol/（m²·s）和 6.56 mmol/（m²·s）。

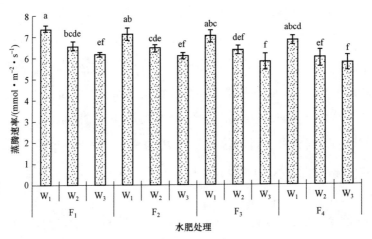

图 19-5　水肥处理对苹果树蒸腾速率的影响（2021 年）

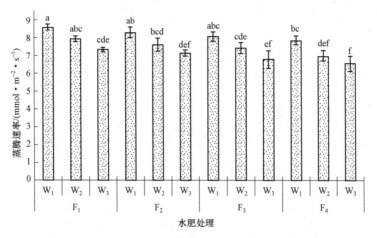

图 19-6　水肥处理对苹果树蒸腾速率的影响（2022 年）

2021 年在 F_1、F_2、F_3 和 F_4 条件下，各灌水处理 T_r 总量分别为 19.99 mmol/（$m^2 \cdot s$）、19.63 mmol/（$m^2 \cdot s$）、19.16 mmol/（$m^2 \cdot s$）、18.55 mmol/（$m^2 \cdot s$），F_2、F_3 和 F_4 分别比 F_1 减少了 1.8%、4.2%和 7.2%；在 W_1、W_2 和 W_3 条件下，各施肥处理 T_r 总量分别为 28.22 mmol/（$m^2 \cdot s$）、25.30 mmol/（$m^2 \cdot s$）、23.81 mmol/（$m^2 \cdot s$），W_2、W_3 分别比 W_1 减少了 10.3%、15.6%。2022 年在 F_1、F_2、F_3 和 F_4 条件下，各灌水处理 T_r 总量分别为 23.89 mmol/（$m^2 \cdot s$）、23.01 mmol/（$m^2 \cdot s$）、22.28 mmol/（$m^2 \cdot s$）、21.41 mmol/（$m^2 \cdot s$），F_2、F_3 和 F_4 分别比 F_1 减少了 3.7%、6.7%、10.4%；在 W_1、W_2 和 W_3 条件下，各施肥处理 Tr 总量分别为 32.81 mmol/（$m^2 \cdot s$）、29.95 mmol/（$m^2 \cdot s$）、27.83 mmol/（$m^2 \cdot s$），W_2、W_3 分别比 W_1 减少了 8.7%、15.2%。

第 20 章　节水减肥对苹果水肥利用和产量品质的影响

20.1　节水减肥对苹果树水分利用效率的影响

水肥处理对苹果树叶片瞬时水分利用效率（WUE）的影响如图 20-1 和图 20-2 所示，两年中灌水对 WUE 均产生显著影响（$P<0.05$）；2021 年施肥对 WUE 产生极显著影响（$P<0.01$），2022 年施肥对 WUE 产生显著影响（$P<0.05$）；2021 年和 2022 年水肥交互作用对 WUE 的影响均不显著。从图 20-1 和图 20-2 可以看出，灌水量相同时，2021 年 WUE 基本表现为 $F_1>F_2>F_3>F_4$，2022 年 WUE 在 W_1 和 W_2 处理下，表现为 $F_1>F_2>F_3>F_4$，在 W_3 处理下，表现为 $F_2>F_1>F_3>F_4$；施肥量相同时，2021 年和 2022 年在 F_1、F_2 和 F_3 处理下 WUE 基本表现为 $W_2>W_3>W_1$，这说明在一定区间施肥量下，适度的亏缺灌溉更有利于提高苹果树 WUE。两年中 WUE 最大值分别出现在 F_1W_2 和 F_2W_2 处理，2021 年和 2022 年分别为 5.16 μmol/mmol 和 4.81 μmol/mmol，与 F_1W_1 处理相比，分别提高了 8.6% 和 5.3%；WUE 最小值均出现在 F_4W_1 处理，分别为 4.31 μmol/mmol 和 4.25 μmol/mmol。

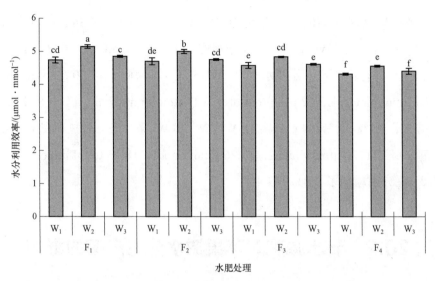

图 20-1　水肥处理对苹果树水分利用效率的影响（2021 年）

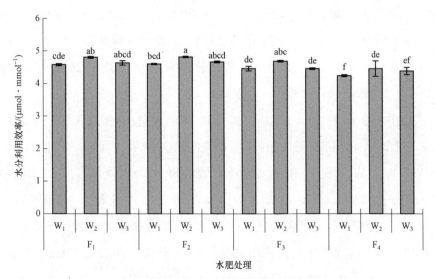

图 20-2　水肥处理对苹果树水分利用效率的影响（2022 年）

2021 年在 F_1、F_2、F_3 和 F_4 条件下，各灌水处理 WUE 总量分别为 14.76 μmol/mmol、14.46 μmol/mmol、14.02 μmol/mmol、13.28 μmol/mmol，

F_2、F_3 和 F_4 分别比 F_1 减少了 2.0%、5.0% 和 10.0%。在 W_1、W_2 和 W_3 条件下，各施肥处理 WUE 总量分别为 18.33 μmol/mmol、19.56 μmol/mmol、18.63 μmol/mmol，W_2 比 W_1、W_3 分别增加了 6.7% 和 5.0%。2022 年在 F_1、F_2、F_3 和 F_4 条件下，各灌水处理 WUE 总量分别为 14.00 μmol/mmol、14.07 μmol/mmol、13.62 μmol/mmol、13.11 μmol/mmol，F_2、F_3 和 F_4 分别比 F_1 减少了 0.5%、2.7% 和 6.4%。在 W_1、W_2 和 W_3 条件下，各施肥处理 WUE 总量分别为 17.89 μmol/mmol、18.76 μmol/mmol、18.15 μmol/mmol，W_2 比 W_1、W_3 分别增加了 4.9% 和 3.4%。

20.2 节水减肥对苹果树水分生产率的影响

水肥处理对苹果树水分生产率（CWP）的影响如图 20-3 和图 20-4 所示，2021 年灌水对 CWP 产生了极显著的影响（$P < 0.01$），2022 年灌水对 CWP 产生了显著的影响（$P < 0.05$）；两年中施肥对 CWP 均产生极显著影响（$P < 0.01$）；2021 年水肥交互作用对 CWP 产生极显著影响（$P < 0.01$），2022 年对 CWP 的影响不显著。

从图 20-3 和图 20-4 可以看出，两年中灌水量相同时，CWP 基本表现为 $F_2 > F_1 > F_3 > F_4$；施肥量相同时，2021 年 CWP 在 F_1 和 F_2 处理下，表现为 $W_2 > W_3 > W_1$，在 F_3 和 F_4 处理下，表现为 $W_3 > W_2 > W_1$，2022 年 CWP 在 F_2 和 F_4 处理下，表现为 $W_2 > W_3 > W_1$，在 F_1、F_3 处理下，表现为 $W_3 > W_2 > W_1$，这说明在一定区间施肥量下，适度的亏缺灌溉更有利于提高苹果树 CWP。两年中 CWP 最大值均出现在 F_2W_2 处理，2021 和 2022 年分别为 2.10 μmol/mmol 和 2.59 μmol/mmol，与 F_1W_1 处理相比，分别提高了 17.7% 和 25.7%；WUE 最小值均出现在 F_4W_1 处理，分别为 1.56 μmol/mmol 和 1.80 μmol/mmol。

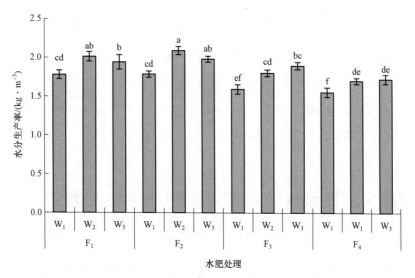

图 20-3　水肥处理对苹果树水分生产率的影响（2021 年）

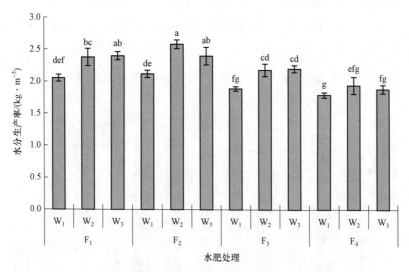

图 20-4　水肥处理对苹果树水分生产率的影响（2022 年）

2021 年在 F_1、F_2、F_3 和 F_4 条件下，各灌水处理 CWP 总量分别为
5.74 μmol/mmol、5.87 μmol/mmol、5.31 μmol/mmol、4.99 μmol/mmol，F_1、
F_3 和 F_4 分别比 F_2 减少了 2.2%、9.6%和 15.1%。在 W_1、W_2、W_3 条件下，
各施肥处理 CWP 总量分别为 6.73 μmol/mmol、7.62 μmol/mmol、
7.56 μmol/mmol，W_2 和 W_3 比 W_1 分别增加了 13.3%和 12.3%。2022 年在 F_1、

F_2、F_3 和 F_4 条件下，各灌水处理 CWP 总量分别为 6.84 μmol/mmol、7.11 μmol/mmol、6.28 μmol/mmol、5.63 μmol/mmol，F_1、F_3 和 F_4 分别比 F_2 减少了 3.8%、11.7%和 20.8%。在 W_1、W_2、W_3 条件下，各施肥处理 CWP 总量分别为 7.87 μmol/mmol、9.10 μmol/mmol、8.89 μmol/mmol，W_2 和 W_3 比 W_1 分别增加了 15.6%和 13.0%。

20.3　节水减肥对苹果树肥料偏生产力的影响

如图 20-5 所示，不同水肥处理对苹果树的肥料偏生产力（PFP）的影响不同，灌水、施肥和水肥交互作用对苹果树的 PFP 的影响全都达到了极显著的水平（$P<0.01$）。如图 20-6 所示，施肥相同的条件下，PFP 在 F_1、F_2、F_3 处理下总体表现为 $W_2>W_1>W_3$，在 F_4 处理下表现为 $W_1>W_2>W_3$。除 F_4 处理外，W_2 比 W_1、W_3 肥料偏生产力分别平均增加 4.0%和 199.4%；

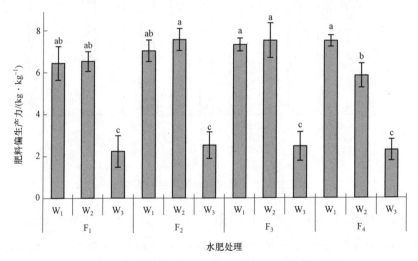

图 20-5　水肥处理对苹果树肥料偏生产力的影响（2022 年）

施肥相同的条件下，PFP 在 F_1、F_2、F_3 处理下总体表现为 $W_2>W_1>$ W_3，在 F_4 处理下表现为 $W_1>W_2>W_3$。除 F_4 处理外，W_2 比 W_1、W_3 肥料

偏生产力分别增加了 4.0% 和 199.4%；灌水条件相同时，PFP 在 W_1 处理条件下，随着减少施肥而增加，整体表现为 $F_4>F_3>F_2>F_1$，PFP 在 W_2 处理下，总体表现为 $F_2>F_3>F_1>F_4$，PFP 在 W_3 处理下，整体表现为 $F_2>F_3>F_4>F_1$，除了 F_4 处理以外，F_3 处理比 F_1 和 F_2 处理各自平均增加 13.5% 和 1.1%；交互作用下 PFP 最大值出现在 F_2W_2 处理，为 7.57 kg·kg^{-1}，这表明轻度缺水和缺肥能够产生较高的肥料偏生产力。

20.4　节水减肥对苹果树干物质质量和产量的影响

节水减肥对苹果树干物质质量和产量的影响如图20-6～图20-8所示，2021年和 2022 年节水减肥对苹果树干物质质量的影响基本相同。灌水量相同时，苹果树干物质质量整体随施肥量的增加而增加，其中 F_1 略低于 F_2，表现为 $F_1 \approx F_2>F_3>F_4$；施肥量相同时，在 F_1、F_2 和 F_3 施肥处理下，表现为 $W_2>W_1>W_3$，在 F_4 施肥处理下，表现为 $W_1>W_2>W_3$，这说明在一定区间施肥量下，轻度的节水灌溉反而更有利于苹果树生物质的积累，但缺肥条件下依旧表现为随灌水量的增加而增加。

2021 年在 F_1、F_2、F_3 和 F_4 条件下，干物质质量总量分别为 341.41 g、348.98 g、314.14 g、295.94 g，F_1、F_3 和 F_4 分别比 F_2 减少了 2.1%、10.0% 和 15.2%；在 W_1、W_2 和 W_3 条件下，干物质质量总量分别为 455.55 g、458.97 g、385.95 g，W_1 处理与 W_2 处理基本相同，W_3 处理比 W_2 处理减少了 15.9%，在 F_2W_2 水肥处理下苹果树全生育期干物质质量达到最大值，与 F_1W_1 处理相比增加了 4.1%。

2022 年在 F_1、F_2、F_3 和 F_4 条件下，干物质质量总量分别为 663.08 g、691.96 g、609.24 g、549.79 g，F_1、F_3 和 F_4 分别比 F_2 减少了 4.2%、12.0% 和 20.5%；在 W_1、W_2 和 W_3 条件下，干物质质量总量分别为 901.43 g、905.06 g、707.58 g，W_1 处理与 W_2 处理基本相同，W_3 处理比 W_2 处理减少了 21.8%，

在 F_2W_2 水肥处理下苹果树全生育期干物质量达到最大值，与 F_1W_1 处理相比增加了 9.7%。

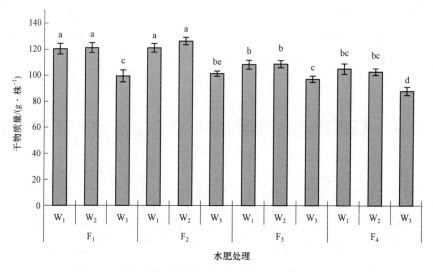

图 20-6　水肥处理对苹果树干物质量的影响（2021 年）

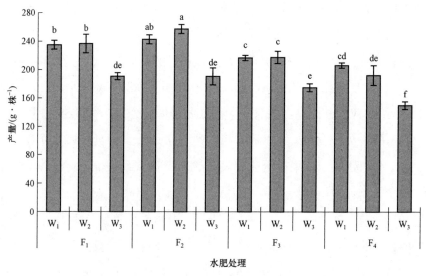

图 20-7　水肥处理对苹果树干物质量的影响（2022 年）

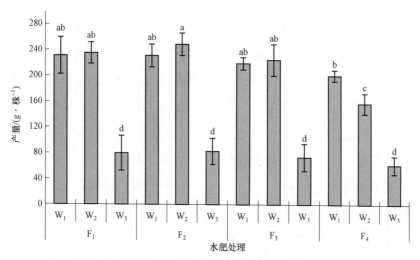

图 20-8　水肥处理对苹果树产量的影响（2022 年）

随着灌水量和施肥量的增加，苹果产量基本上呈上升的趋势，总体分别表现为 $W_1 \approx W_2 > W_3$ 和 $F_2 > F_1 > F_3 > F_4$，充分供水处理 W_1 轻度节水灌溉处理 W_2 产量稍有减少，比重度节水灌溉处理 W_3 增加 195.8%，由此可见，轻度的节水灌溉对于苹果树产量影响较轻，且灌水对产量的影响明显高于施肥对其的影响，施肥量过高可能不利于提高苹果树产量。

20.5　节水减肥对苹果树果实品质的影响

滴灌施肥对苹果果实品质的影响见表 20-1，在施肥量一定的条件，除了 F_4 处理外，苹果的单果重整体表现除 $W_2 > W_1 > W_3$；当灌水量一定的条件，苹果单果重整体表现出 $F_2 > F_1 > F_3 > F_4$，单果重的最大值出现在了 F_2W_2 处理，最小的值出现在了 F_4W_3 处理，F_2W_2 比着 F_4W_3 和 F_1W_1 分别增加了 55.5% 和 9.4%，这说明了轻度的节水以及减少施肥有利于提高苹果的单果质量。在不同水肥处理下水分对于苹果的着色指数有着明显的影响，着色指数整体表现为 $W_2 > W_1 > W_3$，这说明了轻度节水和控制施肥对提高苹果着色指数有利。果形指数整体表现出 $W_1 > W_2 > W_3$，在不同水肥处理间的果形指数对比差异很小，因此适当增加灌水量对提高苹果果形指数有利。在施肥量一定的条件下，苹果的维生素 C 含量整个表现为 $W_2 > W_1 > W_3$；在灌水量一定的条件下，苹果维生素 C 的整体表现为 $F_2 > F_1 > F_3 > F_4$，苹果维生素 C 最大值出现在了 F_2W_2 处理，最小值出现在了 F_4W_3 处理，F_2W_2 比着 F_4W_3 增加了 18.6%，这说明轻度亏缺对提高苹果维生素 C 含量有利。结果还表明，灌水对于苹果的可溶性糖的影响并不显著，因此灌水一定的条件下，苹果的可溶性糖总体均表现为 $F_1 > F_2 > F_3 > F_4$，这表明增加施肥量是提高苹果果实可溶性糖的含量的途径。

水肥处理对苹果糖酸比影响显著，故施肥一定的条件下，苹果糖酸比总体表现为 $W_1 \approx W_2 > W_3$，灌水一定条件下，苹果糖酸比总体表现为 $F_1 > F_2 > F_3 > F_4$，这说明增加灌水量和施肥量可一定程度提高苹果糖酸比。

表 20-1　节水减肥对苹果树果实品质的影响

施肥处理	灌水处理	单果质量/g	着色指数	果形指数	维生素 C/ $(mg \cdot 10^{-2} \cdot g^{-1})$	可溶性糖/%	糖酸比
F_1	W_1	76.47±6.93ab	2.63±0.106a	0.86±0.04a	3.13±0.16abcd	7.05±0.02a	20.66±0.81a
	W_2	81.24±7.36a	2.69±0.16a	0.84±0.04ab	3.28±0.12abc	7.05±0.05a	20.99±0.11a
	W_3	65.09±7bcd	2.04±0.11b	0.82±0.03ab	3.16±0.11abcd	6.64±0.37ab	18.86±0.95bcd
F_2	W_1	77.39±7.45ab	2.58±0.06a	0.84±0.04ab	3.34±0.15ab	6.56±0.2bc	20.74±0.75a
	W_2	83.65±6.72a	2.60±0.19a	0.84±0.02ab	3.45±0.16a	6.52±0.28bc	20.72±0.86a
	W_3	63.64±6.24bcd	2.11±0.11b	0.81±0.02ab	3.35±0.13a	6.41±0.26bc	18.29±0.52cde
F_3	W_1	72.84±6.8ab	2.50±0.13a	0.83±0.03ab	3.02±0.12bcd	6.36±0.23bc	20.11±1.01ab
	W_2	73.97±6.72ab	2.56±0.11a	0.82±0.02ab	3.13±0.12abcd	6.28±0.03bc	20.26±0.44ab
	W_3	57.06±3.08cd	1.97±0.08b	0.80±0.01ab	3.00±0.15cd	6.15±0.18bc	18.03±0.37de
F_4	W_1	69.48±2.93abc	2.52±0.2a	0.82±0.02ab	2.97±0.15cd	6.34±0.14bc	19.74±0.78abc
	W_2	63.25±3.15bcd	2.44±0.12a	0.81±0.03ab	3.03±0.08bcd	6.28±0.21bc	19.02±0.23bcd
	W_3	53.80±1.99d	1.94±0.28b	0.78±0.01b	2.91±0.11d	6.14±0.07c	17.33±0.02e
显著性分析（*F*）							
施肥灌水		17.677*	6.402	9.327*	320.509**	56.243**	33.773**
施肥×		218.780**	1 351.803**	10.790	42.431*	12.447	56.632*
灌水		21.229**	1.352	2.804	1.740	0.653	1.358

第 21 章 基于组合赋权 TOPSIS
模型的苹果综合评价

21.1 苹果树综合评价模型构建

通过试验分析不同节水减肥组合处理对苹果树生长、生理、产量、水肥利用效率等多个指标的影响规律。采用 AHP 层次分析法和熵权法对各单一指标进行主观和客观综合赋权，然后利用组合赋权法计算出各个指标最终权重值。基于 TOPSIS 法建立以高效和高产为目标的苹果综合指标评价模型，分析节水减肥对滴灌施肥对苹果综合评价值的影响。所建立的苹果树生长综合评价模型结构如图 21-1 所示。

21.2 建立苹果树生长综合评价层次结构

选用苹果树生长指标、水肥指标、产量指标作为决策因素，再从各因素中决定决策指标。使用 Yaahp 软件建立综合评价层次结构如图 21-2 所示，综合评价指标 C 目标层有 4 个准则层分别为：生长生理指标 C1、水肥利用效率指标 C2、生物质量和产量指标 C3、果实品质指标 C4。4 个准则层各自

苹果水肥高效利用理论与调控技术

包含了 17 个指标层。

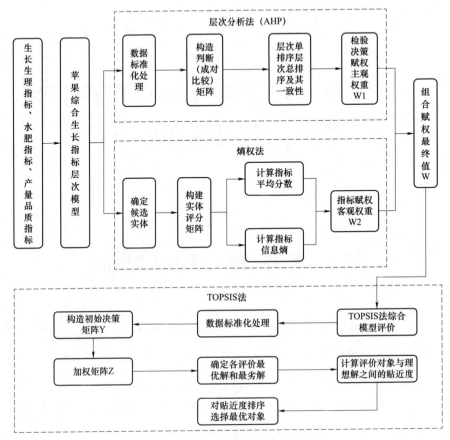

图 21-1　苹果树生长综合评价模型结构

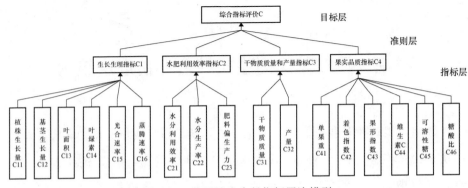

图 21-2　苹果综合生长指标层次模型

198

21.3　采用层次分析法（AHP）和熵权法进行指标主客观权重确定

采用层次分析法（AHP）和熵权法进行主客观组合赋权后，结合 TOPSIS 法得出的评价结果与实际情况更为吻合。通过对主观权重和客观权重进行组合赋权，得出最终权重。提高了权重赋值的可靠性和科学性，克服了单一赋权方法的缺点。

21.3.1　层次分析法

层次分析法是一种主观赋权法，通过对事物主观的分析赋值，判断出各元素的相对重要性。根据图 21-2 建立的苹果树生长综合评价层次结构对生长生理指标、水肥利用效率指标、生物质量和产量指标以及果实品质指标进行综合评判。基于层次分析法中的 1~9 标度法，根据各评价指标对品质影响的重要程度构建底层指标相对于上一级指标的判断矩阵，通过计算得到各个指标的权重。为了保证结果的合理性，需进行一致性检验。在层次分析法中引入了随机一致性比率 CR，当 $CR < 0.10$ 时，便认为判断矩阵具有可接受的一致性，否则需对判断矩阵进行调整和修正。层次分析法赋权过程如下。

（1）构造层次分析结构

将苹果综合评价问题条理化层次化，根据决策目标和评价属性，构建合适的层次分析结构模型。如图 21-2 所示层次模型由目标层，准则层，指标层构成。

（2）构造判断矩阵

层次模型建立后，为了体现问题中不同层级之间各要素相对于其上层的要素重要程度，采用了 1~9 标度法对各个评价指标进行取值，构造判断矩阵 C，对于 n 个元素来说，可以得到两两之间比较的判断矩阵：

$$C = (C_{ij})_{n \times n} = \begin{bmatrix} C_{11} & C_{12} & \cdots & C_{1n} \\ C_{21} & C_{22} & & C_{2n} \\ \vdots & \vdots & \ddots & \vdots \\ C_{n1} & C_{n2} & \cdots & C_{nn} \end{bmatrix} \qquad (21\text{-}1)$$

其中 C_{ij} 表示因素 i 和因素 j 相对于目标重要值。

（3）计算局部权重

首先求出判断矩阵 C 每一行元素的乘积 M_i,

$$M_i = \prod_{j=1}^{n} C_{ij}\ (i, j = 1, 2, 3, \cdots, n) \qquad (21\text{-}2)$$

计算 M_i 的 n 次方根,

$$\overline{W_i} = \sqrt[n]{M_i} \qquad (21\text{-}3)$$

对向量 $\overline{W} = [\overline{W_1}, \overline{W_2}, \cdots, \overline{W_n}]^T$ 归一化处理,

$$W_i = \frac{\overline{W_j}}{\sum\limits_{i=1}^{n} \overline{W_j}} \qquad (21\text{-}4)$$

此时 $W = [W_1, W_2, \cdots, W_n]^T$ 即为所求的特征向量,

计算矩阵最大特征值 $\lambda_{\max}$,

$$\lambda_{\max} = \sum_{i=1}^{n} \frac{(CW)_i}{nW_i} \qquad (21\text{-}5)$$

式中 $(CW)_i$ 表示向量 (CW) 的第 i 个元素。

（4）判断矩阵的一致性检验

计算一致性指标 CI

$$CI = \frac{\lambda_{\max} - n}{n - 1} \qquad (21\text{-}6)$$

其中, $\lambda_{\max}$ 为判断矩阵 C 对应的最大的特征值, n 为评价指标个数, CR 是一致性比率, RI 是平均随机一致性指标, 取值与评价指标的数量有关, RI 取值见表 21-1。

表 21-1　随机一致性 *RI* 取值

n	3	4	5	6	7	8	9	10	11	12	13	14
RI	0.58	0.90	1.12	1.24	1.32	1.41	1.45	1.49	1.52	1.54	1.56	1.58

$$CR = \frac{CI}{RI} \tag{21-7}$$

当一致性检验指标 $CR \leq 0.1$ 时，可以认为判断矩阵 C 满足一致性的要求，繁殖就要对判断矩阵做出调整，从而符合一致性标准。

（5）根据上述赋权过程通过计算得出：生长生理指标 $C1$、水肥利用效率指标 $C2$、生物质量和产量指标 $C3$ 和果实品质指标 $C4$ 的判断矩阵分别为：

$$C = \begin{bmatrix} 1 & 3 & 0.2 & 0.333\,3 \\ 0.333\,3 & 1 & 0.166\,7 & 0.125 \\ 5 & 6 & 1 & 1 \\ 3 & 8 & 1 & 1 \end{bmatrix} \tag{21-8}$$

$$C1 = \begin{bmatrix} 1 & 0.5 & 0.25 & 0.166\,7 & 0.166\,7 & 0.5 \\ 2 & 1 & 0.25 & 0.166\,7 & 0.142\,9 & 0.5 \\ 4 & 4 & 1 & 0.333\,3 & 0.5 & 2 \\ 6 & 6 & 3 & 1 & 1 & 4 \\ 6 & 7 & 2 & 1 & 1 & 4 \\ 2 & 2 & 0.5 & 0.25 & 0.25 & 1 \end{bmatrix} \tag{21-9}$$

$$C2 = \begin{bmatrix} 1 & 0.333\,3 & 0.5 \\ 3 & 1 & 1 \\ 2 & 1 & 1 \end{bmatrix} \tag{21-10}$$

$$C3 = \begin{bmatrix} 1 & 0.25 \\ 4 & 1 \end{bmatrix} \tag{21-11}$$

$$C4 = \begin{bmatrix} 1 & 5 & 3 & 1 & 2 & 2 \\ 0.2 & 1 & 1 & 0.25 & 0.5 & 0.333\,3 \\ 0.333\,3 & 1 & 1 & 0.25 & 0.5 & 0.5 \\ 1 & 4 & 4 & 1 & 2 & 3 \\ 0.5 & 2 & 2 & 0.5 & 1 & 1 \\ 0.5 & 3 & 2 & 0.333\,3 & 1 & 1 \end{bmatrix} \tag{21-12}$$

表 21-2　AHP 层次分析法计算权重结果

	局部权重值	最终权重值	一致性检验参数
目标层 C	0.122 1	0.122 1	$CR = 0.028\ 4 < 0.1$
	0.052 6	0.052 6	$\lambda_{max} = 4.075\ 8$
	0.429 7	0.429 7	检验通过
	0.395 6	0.395 6	
准则层 $C1$	0.042 9	0.005 2	
	0.053	0.006 5	$CR = 0.017\ 2 < 0.1$
	0.161 9	0.019 8	$\lambda_{max} = 6.108\ 5$
	0.337 2	0.041 2	检验通过
	0.319 4	0.039 0	
	0.085 5	0.010 4	
准则层 $C2$	0.169 2	0.008 9	$CR = 0.017\ 6 < 0.1$
	0.443 4	0.023 3	$\lambda_{max} = 3.018\ 3$
	0.387 4	0.020 4	检验通过
准则层 $C3$	0.2	0.085 9	$CR = 0 < 0.1$
	0.8	0.343 8	$\lambda_{max} = 2$ 检验通过
准则层 $C4$	0.277 9	0.109 9	
	0.063 7	0.025 2	$CR = 0.009\ 4 < 0.1$
	0.073 7	0.029 2	$\lambda_{max} = 6.059\ 5$
	0.303	0.119 9	检验通过
	0.139 8	0.055 3	
	0.142	0.056 2	

　　如表 21-2 所示，结果表明，生长指标、生理指标、水肥利用效率指标、干物质量和产量指标、果实品质指标的检验结果 CR 值均小于 0.1，说明一致性检验结果较好，所建立的判断矩阵具有合理性和可靠性。结果表明，苹果各项指标的权重由大到小依次为：产量（C32）>维生素 C（C44）>单果重（C41）>干物质质量（C31）>糖酸比（C46）>可溶性糖（C45）>叶绿素（C14）>光合速率（C15）>果形指数（C43）>着色指数（C42）>水分生产率（C22）>肥料偏生产力（C23）>叶面积（C13）>蒸腾速率（C16）>

水分利用效率（C21）＞基茎生长量（C12）＞植株生长量（C11）。

21.3.2　熵权法

熵权法的基本思想是根据待评价方案指标本身属性及特点来确定权重。

熵权法是一种客观赋权法，它的特点就是不受人为的主观的因素影响，能科学合理地确定出评价对象属性的权重值，其具体的赋权过程如下所示：

（1）为了避免各指标量纲、物理量等属性对计算的影响，需对原始矩阵的指标数据进行标准化处理。

正向指标表示在一定范围内数值越大，所反映的评价结果越好，其标准化公式为：

$$A_i = \frac{B_i - \min(B_i)}{\max(B_i) - \min(B_i)} \qquad (21\text{-}13)$$

负向指标所表示的含义与正向指标相反，其标准化公式为：

$$A_i = \frac{\max(B_i) - B_i}{\max(B_i) - \min(B_i)} \qquad (21\text{-}14)$$

其中 B_i 为各个指标原始数据，A_i 为各个指标标准化数据，$i = 1, 2, \cdots, n$。

（2）计算各个指标的熵值 E_j：

$$P_{ij} = \frac{A_i}{\sum_{i=1}^{n} A_i} \qquad (21\text{-}15)$$

$$E_j = -\frac{1}{\ln n} \sum_{i=1}^{n} P_{ij} \ln P_{ij} \qquad (21\text{-}16)$$

P_{ij} 表示区域 i 下第 j 项指标的特征比重或贡献度。$i, j = 1, 2, \cdots, n$

（3）使用各指标的熵值计算出权重：

$$W_j = \frac{1 - E_j}{n - \sum_{j=1}^{n} E_j} \qquad (21\text{-}17)$$

其中，$0 \leqslant W_j \leqslant 1$，$\sum_{j=1}^{n} W_j = 1$，$i, j = 1, 2, \cdots, n$。

从赋权过程得出，当某个属性的信息熵 E_j 越大时，其携带的信息量反而越小，能够提供给决策者当作判断最佳方案的依据就越少，那么该属性的权重也越小，反之过来提供的依据越多，该属性的权重越大。根据上述过程计算出的苹果各项评价指标的权重如表 21-3 所示。

表 21-3　熵权法计算熵值及权重结果

指标	C11	C12	C13	C14	C15	C16	C21	C22	C23
熵值	0.901 0	0.912 0	0.918 0	0.910 0	0.923 0	0.913 0	0.939 0	0.895 0	0.858 0
权重	0.063 0	0.056 4	0.052 2	0.057 3	0.048 9	0.055 2	0.038 9	0.067 0	0.090 3
指标	C31	C32	C41	C42	C43	C44	C45	C46	
熵值	0.935 0	0.883 0	0.920 0	0.898 0	0.944 0	0.895 0	0.858 0	0.929 0	
权重	0.041 2	0.074 9	0.051 0	0.065 3	0.035 9	0.066 7	0.090 8	0.045 3	

苹果各项指标的权重由大到小依次为：可溶性糖（C45）＞肥料偏生产力（C23）＞产量（C32）＞水分生产率（C22）＞维生素 C（C44）＞着色指数（C42）＞植株生长量（C11）＞叶绿素（C14）＞基茎生长量（C12）＞蒸腾速率（C16）＞叶面积（C13）＞单果重（C41）＞光合速率（C15）＞糖酸比（C46）＞干物质质量（C31）＞水分利用效率（C21）＞果形指数（C43）。

21.3.3　组合赋权

设 $W=(W_1,W_2,W_3,\cdots,W_n)$ 为层次分析法和熵权法组合权重。将 $W_j(j=1,2,3,\cdots,n)$ 表示为和 W_j^* 和 W_j^{**} 的线性组合，即 W_j 为：

$$W_j = aW_j^* + (1-a)W_j^{**} \qquad (21\text{-}18)$$

a 为组合系数，$0<a<1$。α 是层次分析法中计算得到的主观权重，W_j^* 是层次分析法中计算确定的第 j 个指标的主观权重值。（$1-a$）是在此组合权重中熵权法权重值的分数，W_j^{**} 是确定熵权法的 j 个指标的客观权重值。以平方和最小化，层次结构权重和组合权重之间的差异分析，熵权重值和组合权重值之间的差异分析来定义目标函数。

$$\mathrm{Min}Y = \sum_{j=1}^{n}[(W_j-W_j^*)^2+(W_j-W_j^{**})^2)] \qquad (21\text{-}19)$$

对以上函数进行求导并令其等于 0，可计算得 $a=0.5$，则

$$W_j = 0.5W_j^* + 0.5W_j^{**} \tag{21-20}$$

由表 21-4 可知，苹果各项指标的权重由大到小依次为：产量（C32）＞维生素 C（C44）＞单果重（C41）＞肥料偏生产力（C23）＞可溶性糖（C45）＞干物质质量（C31）＞糖酸比（C46）＞叶绿素（C14）＞着色指数（C42）＞水分生产率（C22）＞光合速率（C15）＞果形指数（C43）＞叶面积（C13）＞植株生长量（C11）＞蒸腾速率（C16）＞基茎生长量（C12）＞水分利用效率（C21）。

表 21-4　组合权重结果

指标	C11	C12	C13	C14	C15	C16	C21	C22	C23
权重	0.034 1	0.031 5	0.036 0	0.049 2	0.043 9	0.032 8	0.023 9	0.045 1	0.055 3
指标	C31	C32	C41	C42	C43	C44	C45	C46	
权重	0.063 6	0.209 3	0.080 4	0.045 2	0.032 6	0.093 3	0.073 0	0.050 8	

21.4　TOPSIS 法综合评价模型计算

TOPSIS 是系统工程中有限方式多目标决策分析的一种常用方法，可以灵活简便地处理各种样本资料。该方法利用归一化后的数据规范化矩阵来查找最优和最劣目标，即理想解和负理想解，计算各评价目标与这两个解的距离，并按理想解贴近度的大小排序，以此确定不同评价目标的优劣程度。贴近度值在 0～1 之间，数值越接近 1 表示评价目标越接近最优水平，越接近 0 则表示其越接近最劣水平。

基于组合赋权的 TOPSIS 综合模型对各指标综合评价，评价指标完成组合赋权后，建立基于组合权重 W 的加权规范化评价矩阵。具体计算步骤为：

（1）构造决策矩阵 X，

$$X = (x_{ij}), i = 1, 2, \cdots, n, j = i = 1, 2, \cdots, n \tag{21-21}$$

将决策矩阵进行归一化处理 Y,

$$Y = (X_{ij}), i = 1, 2, \cdots, m; j = i = 1, 2, \cdots, n \qquad （21-22）$$

$$Y_{ij} = \frac{X_{ij}}{\sqrt{\sum_{i=1}^{m}(X_{ij})^2}} \qquad （21-23）$$

（2）构造加权矩阵 Z,

$$Z = (Z_{ij})_{m \times n} = (W_i Y_{ij})_{m \times n} \qquad （21-24）$$

式中 W_i 为 n 个评估指标的权重。

（3）确定正理想解 Z^+ 和负理想解 Z^-

$$Z^+ = [Z_1^+, Z_2^+, Z_3^+ \cdots Z_n^+] \qquad （21-25）$$

$$Z^- = [Z_1^-, Z_2^-, Z_3^- \cdots Z_n^-] \qquad （21-26）$$

（4）计算各指标到正理想解 Z^+ 和负理想解 Z^- 的欧式距离

$$d_i^+ = \sqrt{\sum_{j=1}^{m}(Z_j^+ - Z_{ij})^2} \qquad （21-27）$$

$$d_i^- = \sqrt{\sum_{j=1}^{m}(Z_j^- - Z_{ij})^2} \qquad （21-28）$$

表 21-5　基于 TOPSIS 方法计算的苹果综合指标及其排序

处理	C11	C12	C13	C14	C15	C16	C21	C22	C23	C31	C32
F_1W_1	0.105 7	0.106 2	0.103 1	0.090 8	0.094 9	0.094 9	0.083 4	0.079 7	0.098 9	0.093 6	0.113 1
F_1W_2	0.110 4	0.109 9	0.111 2	0.087 7	0.092 0	0.087 6	0.087 6	0.092 0	0.100 3	0.094 2	0.114 8
F_1W_3	0.067 5	0.058 8	0.069 9	0.080 5	0.082 2	0.081 1	0.084 5	0.092 8	0.034 3	0.076 0	0.039 1
F_2W_1	0.109 5	0.122 2	0.115 9	0.087 6	0.092 0	0.091 3	0.083 9	0.082 0	0.107 6	0.096 6	0.112 9
F_2W_2	0.120 6	0.129 7	0.120 5	0.082 2	0.088 4	0.084 0	0.087 8	0.100 2	0.116 1	0.102 5	0.121 7
F_2W_3	0.063 9	0.060 7	0.070 1	0.079 5	0.080 2	0.078 7	0.085 0	0.092 8	0.038 5	0.076 1	0.040 4
F_3W_1	0.087 4	0.098 3	0.080 7	0.087 4	0.087 2	0.089 1	0.081 6	0.073 1	0.112 1	0.086 2	0.106 8
F_3W_2	0.091 1	0.094 9	0.089 2	0.082 4	0.083 8	0.081 9	0.085 4	0.084 7	0.115 1	0.086 5	0.109 8
F_3W_3	0.055 0	0.046 7	0.059 9	0.078 5	0.073 4	0.075 0	0.081 6	0.085 1	0.037 9	0.069 6	0.036 1
F_4W_1	0.074 3	0.078 6	0.074 9	0.084 5	0.080 8	0.086 9	0.077 6	0.069 6	0.114 5	0.082 2	0.098 2
F_4W_2	0.067 1	0.060 5	0.061 4	0.081 6	0.075 4	0.077 1	0.081 6	0.075 0	0.089 5	0.076 8	0.076 9
F_4W_3	0.047 5	0.033 6	0.043 1	0.076 8	0.069 6	0.072 4	0.080 1	0.073 1	0.035 1	0.059 8	0.030 1

续表

处理	C41	C42	C43	C44	C45	C46	D+	D−	贴近度	排序
F_1W_1	0.091 3	0.092 2	0.087 1	0.082 9	0.090 6	0.088 0	0.271 0	0.826 6	0.753 1	4
F_1W_2	0.097 0	0.094 1	0.085 1	0.086 8	0.090 6	0.089 4	0.170 6	0.862 0	0.834 8	1
F_1W_3	0.077 7	0.071 4	0.083 1	0.083 7	0.085 4	0.080 3	0.694 3	0.380 2	0.353 8	10
F_1W_4	0.092 4	0.090 3	0.085 1	0.088 4	0.084 3	0.088 3	0.242 1	0.812 6	0.770 5	3
F_2W_1	0.099 8	0.091 0	0.085 1	0.091 3	0.083 8	0.088 3	0.229 9	0.901 7	0.796 8	2
F_2W_2	0.076 0	0.073 8	0.082 1	0.088 7	0.082 4	0.077 9	0.704 4	0.394 2	0.358 8	9
F_2W_3	0.086 9	0.087 5	0.084 1	0.080 0	0.081 8	0.085 7	0.453 6	0.654 7	0.590 7	6
F_2W_4	0.088 3	0.089 6	0.083 1	0.082 9	0.080 7	0.086 3	0.422 8	0.669 5	0.613 0	5
F_3W_1	0.068 1	0.068 9	0.081 1	0.079 4	0.079 1	0.076 8	0.861 0	0.176 9	0.170 4	11
F_3W_2	0.082 9	0.088 2	0.083 1	0.078 6	0.081 5	0.084 1	0.553 3	0.567 0	0.506 1	7
F_3W_3	0.075 5	0.085 4	0.082 1	0.080 2	0.080 7	0.081 0	0.642 7	0.399 2	0.383 1	8
F_3W_4	0.064 2	0.067 9	0.079 0	0.077 0	0.078 9	0.073 8	0.981 6	0.044 9	0.043 8	12

根据 TOPSIS 计算各处理的结果如表 21-5 所示，F_1W_2 处理苹果的综合指标贴近度最大，为 0.834 8 此处理条件下苹果的综合评价最优是一种较为节水的灌溉施肥模式。F_2W_2 处理次之 0.796 8，在保证果实产量和果实品质略有下降的情况下，是节水且省肥的灌溉施肥模式。而 F_4W_3 处理评分最差仅为 0.043 8，最不利于苹果生长发育。

第 22 章　节水减肥对苹果生长发育的影响及综合评价结论与展望

22.1　主要结论

在滴灌水肥一体化条件下，通过节水灌溉和肥料减施、对北方地区苹果树生长状况、生理特性、果实产量、品质等指标进行探索，通过开展对苹果树栽种试验进行综合分析研究，揭示节水减肥对苹果生长生理特性和品质的影响机理，探究水肥耦合规律，寻找影响果实品质的关键因素。在此基础上构建节水减肥条件下苹果生长生理特性及品质的综合评价方法，通过综合评价方式确定出在多维目标上都达到最优的苹果种植最佳滴灌施肥组合。寻找保证果实产量和果实品质基本不变的情况下，最节水省肥的灌溉施肥模式。为提高水肥利用效率，实现苹果增产增收、种植环保节约高效提供科学理论依据，为果园实际生产提供科学指导。研究取得的主要结论如下。

（1）2021 年不同水肥处理下苹果树各生育期植株生长量最大值除新梢旺长期为 F_1W_2 处理外，均出现在 F_2W_2 处理，分别为 24.95 cm、25.95 cm、27.10 cm、11.20 cm，比 F_1W_1 处理分别增加了 20.2%、10.9%、16.3%、12.56%；2022 年不同水肥处理下苹果树各生育期植株生长量最大值与 2021 年基本相同，均出现在 F_2W_2 处理，依次为 20.85 cm、31.35 cm、12.3 cm、22.65 cm，

比 F_1W_1 处理分别增加了 8.8%、9.8%、22.4%、21.78%。2021 年不同水肥处理下苹果树各生育期基茎生长量最大值均出现在 F_2W_2 处理，分别为 1.66 mm、1.9 mm、1.62 mm、0.96 mm，比 F_1W_1 处理分别增加了 30.7%、15.2%、20.9%、41.2%；2022 年不同水肥处理下苹果树各生育期基茎生长量最大值与 2021 年基本相同，均出现在 F_2W_2 处理，依次为 2.25 mm、1.28 mm、1.69 mm、1.54 mm，比 F_1W_1 处理分别增加了 16.0%、26.7%、23.4%、26.2%。2021 年不同水肥处理下苹果树各生育期叶面积最大值均出现在 F_2W_2 处理，分别为 0.065 m²/株、0.116 m²/株、0.154 m²/株、0.216 m²/株，比 F_1W_1 处理分别增加了 12.1%、26.1%、24.2%、16.8%；2022 年不同水肥处理下苹果树各生育期叶面积最大值与 2021 年基本相同，均出现在 F_2W_2 处理，依次为 0.061 m²/株、0.151 m²/株、0.195 m²/株、0.218 m²/株，比 F_1W_1 处理分别增加了 41.7%、11.9%、18.2%、13.5%。

（2）2021 年和 2022 年，灌水量相同时，苹果树 SPAD 在萌芽开花期开始增加，在其他生育期均表现为 $F_1 > F_2 > F_3 > F_4$；施肥量相同时，坐果膨大期和成熟期均表现为 $W_1 > W_2 > W_3$。2021 年苹果树 SPAD 最大值 57.69 出现在 F_1W_1 处理；最小值 50.59 出现在 F_4W_3 处理。2022 年苹果树 SPAD 最大值 62.59 出现在 F_1W_1 处理；最小值 52.95 出现在 F_4W_3 处理。两年中灌水量相同时，P_n、T_r 基本上随施肥量的增加而增加，由大到小依次为 F_1、F_2、F_3、F_4；施肥量相同时，P_n 基本上随灌水量的增加而增加，由大到小依次为 W_1、W_2、W_3，这说明轻度缺水处理对苹果树叶片净光合速率和蒸腾速率的影响并不大。

（3）施肥相同的条件下，PFP 在 F_1、F_2、F_3 处理下总体表现为 $W_2 > W_1 > W_3$，在 F_4 处理下表现为 $W_1 > W_2 > W_3$。除 F_4 处理外，W_2 比 W_1、W_3 肥料偏生产力分别平均增加 4.0% 和 199.4%；灌水相同的条件下，PFP 在 W_1 处理下随着施肥量的减少而增加，总体表现为 $F_4 > F_3 > F_2 > F_1$，PFP 在 W_2 处理下，总体表现为 $F_2 > F_3 > F_1 > F_4$，PFP 在 W_3 处理下，总体表现为 $F_2 > F_3 > F_4 > F_1$，除 F_4 处理外，F_3 处理比 F_1 和 F_2 处理分别平均增加 13.5%

和 1.1%；水肥交互作用下 PFP 最大值出现在 F_2W_2 处理为 7.57 kg·kg^{-1}，这说明轻度节水和低施肥能够产生较高的肥料偏生产力。

（4）单果质量最大值出现在 F_2W_2 处理，最小值出现在 F_4W_3 处理，F_2W_2 比 F_4W_3 和 F_1W_1 分别增加了 55.5% 和 9.4%，这说明轻度节水灌溉和减少施肥量有利于提高苹果单果质量。不同水肥处理下水分对苹果着色指数有明显的影响，着色指数基本表现为 $W_2>W_1>W_3$，这说明轻度节水灌溉和控制施肥量有利于提高苹果着色指数。果形指数基本表现为 $W_1>W_2>W_3$，不同水肥处理间果形指数差异较小，增加灌水量有利于提高苹果果形指数。苹果维生素 C 最大值出现在 F_2W_2 处理，最小值出现在 F_4W_3 处理，F_2W_2 比 F_4W_3 增加了 18.6%，这说明轻度节水灌溉和减少施肥量有利于提高苹果维生素 C 含量。灌水对苹果可溶性糖影响不显著，故灌水一定的条件下，苹果可溶性糖总体均表现为 $F_1>F_2>F_3>F_4$，这说明增加施肥量有利于提高苹果果实可溶性糖的含量。

（5）不同节水减肥处理对苹果树生长、生理、产量、水肥利用效率、品质等多项指标均有明显影响，水肥交互作用显著，灌水处理较施肥处理影响更为明显，不同水肥调控下苹果树植在 F_2W_2 处理最有利于苹果树生长，F_4W_3 处理最不利于苹果树生长。基于 TOPSIS 法建立苹果综合指标评价模型，评选出 F_1W_2 水肥调控处理是苹果树种植的最佳水肥耦合制度，灌水量控制在 60%～75% 田间持水量，施肥量为 N：18 g/株，P_2O_5：12 g/株，K_2O：6g/株。该处理下的水肥管理方案在苹果树综合评价指标下获得最好的评分。

22.2　展　望

本节探讨滴灌施肥一体化协同调控对苹果树生长生理指标、干物质量与产量、果实品质，以及水肥利用效率的影响，在此基础上建立以高效、高产、高品为多目标的苹果 TOPSIS 综合指标评价模型，以期为北方半干旱地区苹果科学合理的灌溉和施肥制度与品质调控策略提供理论与实践依据。

未来还有以下问题需研究解决。

（1）本书的研究是在果园试验棚内开展的滴灌水肥苹果树桶栽试验，能够对苹果树灌水量和施肥量进行较为准确控制。试验结果如应用推广到大田果园种植，需考虑自然降水和肥料流失等因素对试验的影响，需进一步试验研究。

（2）本书的研究采用的水肥管理技术为滴灌＋大量元素肥料的水肥一体化模式，开展了节水减肥对苹果树生长发育的影响及综合评价研究。对于微量元素肥料和有机肥料条件下的情况，还需进一步研究。

参考文献

[1] 安华明，樊卫国，王启勇. 肥水耦合对柑橘产量和品质的影响 [J]. 耕作与栽培，2007（05）：18+47.

[2] 扁青永，王振华，胡家帅，等. 水肥供应对南疆沙区滴灌红枣生理、生长及产量的影响 [J]. 干旱地区农业研究，2018，36（4）：165-171.

[3] 蔡焕杰，康绍忠，熊运章. 用冠层温度计算作物缺水指标的一种简化模式 [J]. 水利学报，1996（05）：44-49.

[4] 蔡焕杰，张振华，柴红敏. 冠层温度定量诊断覆膜作物水分状况试验研究 [J]. 灌溉排水，2001（01）：1-4.

[5] 曹庆杰，孙权，李建设，等. 不同施氮量对设施黄瓜生长及产量的影响[J]. 北方园艺，2010（08）：1-4.

[6] 曹生奎，冯起，司建华，等. 植物叶片水分利用效率研究综述 [J]. 生态学报，2009，29（07）：3882-3892.

[7] 曾化伟. 土壤水分与施氮量对辣椒部分生理特性及产量品质的影响 [D]. 贵阳：贵州大学，2007.

[8] 常莉飞，邹志荣. 调亏灌溉对温室黄瓜生长发育·产量及品质的影响[J] 安徽农业科学，2007（23）：7142-7144.

[9] 陈钢，吴礼树，李煜华，等. 不同供磷水平对西瓜产量和品质的影响[J]. 植物营养与肥料学报，2007（06）：1189-1192.

[10] 陈华斌，田军仓，李王成，等. 基于水肥耦合的滴灌西兰花光合-产量-

品质试验及综合评价［J］.水土保持学报，2021，35（06）：235-242.

［11］陈静静，张富仓，周罕觅，等.不同生育期灌水和施氮对夏玉米生长、产量和水分利用效率的影响［J］.西北农林科技大学学报（自然科学版），2011，39（01）：89-95.

［12］陈林，王磊，宋乃平，等.灌溉量和灌溉次数对紫花苜蓿耗水特性和生物量的影响［J］.水土保持学报，2009，23（04）：91-95.

［13］陈小燕，王璐，王永泉，等.常规灌溉条件下嫁接和增施氮肥对温室黄瓜耗水量及水分利用效率的影响［J］.应用生态学报，2008，19（12）：2656-2660.

［14］程建平，曹凑贵，蔡明历，等.不同灌溉方式对水稻产量和水分生产率的影响［J］.农业工程学报，2006（12）：28-33.

［15］党建友，裴雪霞，张晶，等.秸秆还田条件下灌水模式对冬小麦产量和水肥利用效率的影响［J］.应用生态学报，2011，22（10）：2511-2516.

［16］党廷辉.施肥对旱地冬小麦水分利用效率的影响［J］.生态农业研究，1999（02）：30-33.

［17］邓健康，刘璇，吴昕烨，等.基于层次分析和灰色关联度法的苹果（等外果）汁品质评价［J］.中国食品学报，2017，17（04）：197-208.

［18］邓忠，白丹，翟国亮，等.膜下滴灌水氮调控对南疆棉花产量及水氮利用率的影响［J］.应用生态学报，2013，24（09）：2525-2532. DOI：10. 13287/j. 1001-9332. 2013. 0500.

［19］董雯怡，赵燕，张志毅，等.水肥耦合效应对毛白杨苗木生物量的影响［J］.应用生态学报，2010，21（09）：2194-2200.

［20］杜建军，李生秀，高亚军，等.氮肥对冬小麦抗旱适应性及水分利用的影响［J］.西北农业大学学报，1999（05）：1-5.

［21］杜晓东，程玉豆，陈光荣，等.果树水肥一体化研究进展［J］.河北农业科学，2016，20（02）：23-26.

［22］高静，梁银丽，贺丽娜，等.水肥交互作用对黄土高原南瓜光合特性

及其产量的影响［J］. 中国农学通报，2008（05）：250-255.

［23］高俊凤. 植物生理学实验指导［M］. 北京：高等教育出版社，2006.

［24］高荣. 渭北高原红富士苹果树蒸腾规律与水肥耦合研究［D］. 西北农林科技大学，2008.

［25］高祥照. 水肥一体化是现代农业的"一号技术"［J］. 中国农资，2017（20）：19.

［26］高子星，马雪强，王君正，等. 水肥耦合对越冬基质栽培辣椒产量、品质和水分利用效率的影响［J］. 中国农业大学学报，2022，27（01）：96-108.

［27］龚道枝，雷志栋，郝卫平. 基于果树需水信号的精量灌溉控制理论与技术［J］. 灌溉排水学报，2009，28（04）：6-9.

［28］龚道枝. 苹果园土壤-植物-大气系统水分传输动力学机制与模拟［D］. 西北农林科技大学，2005.

［29］郭庆法，王庆成，汪黎明. 中国玉米栽培学. 上海：上海科学技术出版社，2004.

［30］韩云，张红梅，宋月鹏，等. 国内外果园水肥一体化设备研究进展及发展趋势［J］. 中国农机化学报，2020，41（08）：191-195.

［31］郝树荣，郑姬，冯远周，等. 水稻拔节期水氮互作的后效性影响研究［J］. 农业机械学报，2013，44（03）：92-96.

［32］何华，康绍忠，曹红霞. 地下滴灌埋管深度对冬小麦根冠生长及水分利用效率的影响［J］. 农业工程学报，2001（06）：31-33.

［33］何琳纯. 中国水果市场发展分析研究［J］. 中国管理信息化，2020，23（19）：149-150.

［34］何园球，沈其荣，孔宏敏，等. 水稻旱作条件下土壤水分对红壤磷素的影响［J］. 水土保持学报，2003（02）：5-8.

［35］何振嘉，杜宜春，邱宇洁. 灌溉农田高效用水研究进展与发展趋势［J］. 灌溉排水学报，2019，38（S2）：87-90.

[36] 胡红玲, 张健, 胡庭兴, 等. 不同施氮水平对巨桉幼树耐旱生理特征的影响 [J]. 西北植物学报, 2014, 34 (01): 118-127.

[37] 华元刚, 陈秋波, 林钊沐, 等. 水肥耦合对橡胶树产胶量的影响 [J]. 应用生态学报, 2008 (06): 1211-1216.

[38] 黄高宝, 张步翀, 晋小军. 限量补灌对带田冬小麦土壤水分与耗水强度的影响 [J]. 甘肃农业大学学报, 2000 (02): 146-151.

[39] 黄倩楠, 吴文勇, 韩玉国, 等. 滴灌施肥时机对设施蔬菜产量品质与氮肥利用效率的影响 [J]. 水土保持学报, 2019, 33 (03): 292-297 + 304.

[40] 黄绍文. 设施番茄水肥一体化技术 [J]. 中国蔬菜, 2013 (13): 40-41.

[41] 惠红霞, 许兴, 李前荣. 外源甜菜碱对盐胁迫下枸杞光合功能的改善 [J]. 西北植物学报, 2003 (12): 2137-2142.

[42] 霍尚一. 中国水果出口贸易影响因素的实证分析 [D]. 浙江大学, 2008.

[43] 蒋耿民, 李援农, 周乾. 不同揭膜时期和施氮量对陕西关中地区夏玉米生理生长、产量及水分利用效率的影响 [J]. 植物营养与肥料学报, 2013, 19 (05): 1065-1072.

[44] 蒋静静, 屈锋, 苏春杰, 等. 不同肥水耦合对黄瓜产量品质及肥料偏生产力的影响 [J]. 中国农业科学, 2019, 52 (01): 86-97.

[45] 焦蕊, 于丽辰, 贺丽敏, 等. 有机肥施肥方法和施肥量对富士苹果果实品质的影响 [J]. 河北农业科学, 2011, 15 (02): 37-38 + 61.

[46] 矫丽娜, 叶建全, 战海云, 等. 北方半干旱地区农业节水灌溉常用技术及应用研究进展 [J]. 安徽农学通报, 2021, 27 (09): 124-125.

[47] 金辉, 侯东颖, 张曼, 等. 水肥耦合对大棚西瓜产量、品质及养分吸收的影响 [J]. 中国土壤与肥料, 2021 (02): 141-148.

[48] 金莹, 牛荣. 中国苹果七大主产区产业竞争力发展研究 [J]. 生产力研究, 2021 (09): 36-41.

［49］康爱林，孟凡乔，李虎，等．滴灌施肥对华北地区冬小麦-夏玉米作物产量及水氮利用效率的影响［J］．土壤通报，2020，51（04）：958-968.

［50］康红强．红富士苹果树需肥规律及科学施肥技术［J］．农业科技与信息，2016（02）：97-98.

［51］康绍忠，杜太生，孙景生，等．基于生命需水信息的作物高效节水调控理论与技术［J］．水利学报，2007（06）：661-667.

［52］康绍忠，史文娟，胡笑涛，等．调亏灌溉对于玉米生理指标及水分利用效率的影响［J］．农业工程学报，1998（04）：88-93.

［53］匡廷云．作物光能利用效率与调控．济南：山东科学技术出版社，2004.

［54］雷艳，张富仓，寇雯萍，等．不同生育期水分亏缺和施氮对冬小麦产量及水分利用效率的影响［J］．西北农林科技大学学报（自然科学版），2010，38（05）：167-174+180.

［55］李波，任树梅，杨培岭，等．供水条件对温室番茄根系分布及产量影响［J］．农业工程学报，2007（09）：39-44.

［56］李传哲，马洪波，杨苏，等．滴灌减量施肥对设施黄瓜生长发育、产量及品质的影响［J］．江苏农业科学，2019，47（15）：170-174.

［57］李传哲，许仙菊，马洪波，等．水肥一体化技术提高水肥利用效率研究进展［J］．江苏农业学报，2017，33（02）：469-475.

［58］李国臣，马成林，于海业，等．温室设施的国内外节水现状与节水技术分析［J］．农机化研究，2002（04）：8-11.

［59］李国臣．植物水运移机理分析与温室作物水分亏缺诊断方法的研究［D］．长春：吉林大学，2005.

［60］李浩波，高云英，张景武，等．紫花苜蓿耗水规律及其用水效率研究［J］．干旱地区农业研究，2006（06）：163-167.

［61］李欢欢，刘浩，孙景生，等．水肥耦合对温室番茄产量、水分利用效率和品质的影响［J］．排灌机械工程学报，2018，36（09）：886-891.

[62] 李会云，郭修武. 盐胁迫对葡萄砧木叶片保护酶活性和丙二醛含量的影响 [J]. 果树学报，2008（02）：240-243.

[63] 李建明，潘铜华，王玲慧，等. 水肥耦合对番茄光合、产量及水分利用效率的影响 [J]. 农业工程学报，2014，30（10）：82-90.

[64] 李静，张富仓，方栋平，等. 水氮供应对滴灌施肥条件下黄瓜生长及水分利用的影响 [J]. 中国农业科学，2014，47（22）：4475-4487.

[65] 李娟娟，李利敏，马理辉. 不同滴灌施肥量对沙地玉米氮效率及硝态氮的影响 [J]. 中国土壤与肥料，2020（05）：56-63.

[66] 李开峰，张富仓，祁有玲，等. 根区水肥空间耦合对冬小麦生长及产量的影响 [J]. 应用生态学报，2010，21（12）：3154-3160.

[67] 李莉，任金平，曲柏宏，等. 水分胁迫对苹果梨叶片可溶性糖、脯氨酸含量的影响 [J]. 吉林农业科学，2007（01）：51-54.

[68] 李曼宁. 不同水肥滴灌条件对草莓的综合生长调控 [D]. 咸阳：西北农林科技大学，2021.

[69] 李萌. 南疆膜下滴灌棉花灌溉和施肥调控效应及生长模拟研究 [D]. 咸阳：西北农林科技大学，2020.

[70] 李明启. 关于植物的光能利用效率与作物产量问题. 光合作用研究进展（2）：171-178，1980.

[71] 李培岭，张富仓. 不同沟灌方式下根区水氮调控对棉花群体生理指标的影响 [J]. 农业工程学报，2011，27（02）：38-45.

[72] 李培岭，张富仓. 膜下分区交替滴灌和施氮对棉花干物质累积与氮肥利用的影响 [J]. 应用生态学报，2013，24（02）：416-422.

[73] 李憑峰，谭煌，王嘉航，等. 滴灌水肥条件对樱桃产量、品质和土壤理化性质的影响 [J]. 农业机械学报，2017，48（07）：236-246.

[74] 李邵，薛绪掌，郭文善，等. 水肥耦合对温室盆栽黄瓜产量与水分利用效率的影响 [J]. 植物营养与肥料学报，2010，16（02）：376-381.

[75] 李绍飞，王仰仁，孙书洪，等. 不同节水灌溉方案对冬小麦用水效率

及效益的影响［J］.节水灌溉，2011（03）：1-5＋8.

［76］李生秀，李世清，高亚军，等.施用氮肥对提高旱地作物利用土壤水分的作用机理和效果［J］.干旱地区农业研究，1994（01）：38-46.

［77］李天星，曹红霞，陈红武，等.渭北旱塬沟壑区苹果节水灌溉制度分析［J］.干旱地区农业研究，2016，34（05）：255-261.

［78］李天星.黄土高原地区果业发展的水资源瓶颈破解途径及灌溉管理［J］.农村经济与科技，2019，30（15）：20-21.

［79］李向东，王晓云，张高英，等.花生衰老的氮素调控［J］.中国农业科学，2000（05）：30-35.

［80］李毅杰，原保忠，别之龙，等.不同土壤水分下限对大棚滴灌甜瓜产量和品质的影响［J］.农业工程学报，2012，28（06）：132-138.

［81］李银坤，武雪萍，吴会军，等.水氮条件对温室黄瓜光合日变化及产量的影响［J］.农业工程学报，2010，26（S1）：122-129.

［82］李银坤，武雪萍，武其甫，等.不同水氮处理对温室黄瓜产量、品质及水分利用效率的影响［J］.中国土壤与肥料，2010（03）：21-24＋30.

［83］李永秀，申双和，李丽，等.土壤水分对冬小麦生育后期叶片气体交换及叶绿素荧光参数的影响［J］.生态学杂志，2012，31（01）：74-80.

［84］李予霞，崔百明，董新平，等.水分胁迫下葡萄叶片脯氨酸和可溶性总糖积累与叶龄的关系［J］.果树学报，2004（02）：170-172.

［85］李振华.不同水肥供应对温室黄瓜产量和品质的影响与综合评价［D］.沈阳：沈阳农业大学，2019.

［86］梁银丽，张成娥.冠层温度-气温差与作物水分亏缺关系的研究［J］.生态农业研究，2000（01）：26-28.

［87］梁银丽.土壤水分和氮磷营养对冬小麦根系生长及水分利用的调节［J］.生态学报，1996（03）：258-264.

［88］梁运江，依艳丽，许广波，等.水肥耦合效应的研究进展与展望［J］.湖北农业科学，2006（03）：385-388.

[89] 梁自强. 渭北旱塬水肥对苹果生长的影响及蒸发蒸腾量估算 [D]. 咸阳：西北农林科技大学，2020.

[90] 林兴军. 不同水肥对日光温室番茄品质和抗氧化系统及土壤环境的影响 [D]. 北京：中国科学院研究生院，2011.

[91] 刘德，赵凤艳，陈宇飞. 氮肥不同用量对保护地番茄生育及产量影响[J]. 北方园艺，1998（05）：11-12.

[92] 刘国荣，陈海江，徐继忠，等. 矮化中间砧对红富士苹果果实品质的影响 [J]. 河北农业大学学报，2007（04）：24-26＋35.

[93] 刘明池，小岛孝之，田中宗浩，等. 亏缺灌溉对草莓生长和果实品质的影响 [J]. 园艺学报，2001（04）：307-311.

[94] 刘明池，张慎好，刘向莉. 亏缺灌溉时期对番茄果实品质和产量的影响 [J]. 农业工程学报，2005（S2）：92-95.

[95] 刘世全，曹红霞，张建青，等. 不同水氮供应对小南瓜根系生长、产量和水氮利用效率的影响 [J]. 中国农业科学，2014，47（07）：1362-1371.

[96] 刘思汝，石伟琦，马海洋，等. 果树水肥一体化高效利用技术研究进展 [J]. 果树学报，2019，36（03）：366-384.

[97] 刘小刚，张富仓，田育丰，等. 水氮处理对玉米根区水氮迁移和利用的影响 [J]. 农业工程学报，2008（11）：19-24.

[98] 刘小刚，张富仓，杨启良，等. 石羊河流域武威绿洲春玉米水氮耦合效应 [J]. 应用生态学报，2013，24（08）：2222-2228.

[99] 刘小刚，张岩，程金焕，等. 水氮耦合下小粒咖啡幼树生理特性与水氮利用效率 [J]. 农业机械学报，2014，45（08）：160-166.

[100] 刘晓宏，肖洪浪，赵良菊. 不同水肥条件下春小麦耗水量和水分利用率 [J]. 干旱地区农业研究，2006（01）：56-59.

[101] 刘彦军. 灌水量灌水时间对麦田耗水量及小麦产量的影响 [J]. 河北农业科学，2003（02）：6-11.

[102] 刘永贤，李伏生，农梦玲. 烤烟不同生育时期分根区交替灌溉的节水调质效应 [J]. 农业工程学报，2009，25（01）：16-20.

[103] 刘占军，祝慧，张振兴，等. 我国苹果园施肥现状、土壤剖面氮磷分布特征及减肥增效技术 [J]. 植物营养与肥料学报，2021，27（07）：1294-1304.

[104] 刘祖琪，张石诚. 植物抗性生理学. 北京：中国农业出版社，1994

[105] 路永莉，白凤华，杨宪龙，等. 水肥一体化技术对不同生态区果园苹果生产的影响 [J]. 中国生态农业学报，2014，22（11）：1281-1288.

[106] 罗利华，胡田田，陈绍民，等. 水肥一体化模式对苹果叶片矿质元素含量的影响 [J]. 西北农林科技大学学报（自然科学版），2021，49（08）：101-110＋119.

[107] 罗振，辛承松，李维江，等. 部分根区灌溉与合理密植对旱区棉花产量和水分生产率的影响 [J]. 应用生态学报，2019，30（9）：3137-3146.

[108] 吕家珑，李祖荫. 石灰性土壤中固磷基质的探讨 [J]. 土壤通报，1991（05）：204-206.

[109] 吕家珑，张一平，张君常，等. 土壤磷运移研究 [J]. 土壤学报，1999（01）：75-82.

[110] 马福生，康绍忠，王密侠，等. 调亏灌溉对温室梨枣树水分利用效率与枣品质的影响 [J]. 农业工程学报，2006（01）：37-43.

[111] 马国胜，薛吉全，路海东，等. 播种时期与密度对关中灌区夏玉米群体生理指标的影响 [J]. 应用生态学报，2007（06）：1247-1253.

[112] 马建琴，何沁雪，刘蕾. 双目标条件下玉米水肥耦合效应分析及配施方案优化研究 [J]. 灌溉排水学报，2021，40（10）：58-63.

[113] 马强，宇万太，沈善敏，等. 旱地农日水肥效应研究进展 [J]. 应用生态学报. 2007，18（3）：665-673

[114] 马文霞，倪玉洁，谢倩，等. 鲜食百香果果实品质综合评价模型的建立及应用 [J]. 食品科学，2020，41（13）：53-60

[115] 孟平. 苹果蒸腾耗水特征及水分胁迫诊断预报模型研究 [D]. 长沙：中南林学院，2005.

[116] 孟兆江，刘安能，吴海卿. 商丘试验区夏玉米节水高产水肥耦合数学模型与优化方案 [J]. 灌溉排水，1997（04）：20-23.

[117] 莫江华，李伏生，李桂湘，等. 不同生育期适度缺水对烤烟生长、水分利用和氮钾含量的影响 [J]. 土壤通报，2008（05）：1071-1076.

[118] 穆兴民. 水肥耦合效应与协同管理. 北京：中国林业出版社，1999.

[119] 倪宏正，尤春，倪玮. 设施蔬菜水肥一体化技术应用 [J]. 中国园艺文摘，2013（04）：140-141＋192.

[120] 牛佳佳，张四普，张柯，等. 9个梨品种综合品质评价分析 [J]. 食品研究与开发，2021，42（17）：149-156.

[121] 牛晓丽，周振江，李瑞，等. 根系分区交替灌溉条件下水肥供应对番茄可溶性固形物含量的影响 [J]. 中国农业科学，2012，45（05）：893-901.

[122] 潘艳花，马忠明，吕晓东，等. 不同供钾水平对西瓜幼苗生长和根系形态的影响 [J]. 中国生态农业学报，2012，20（05）：536-541.

[123] 庞云，刘景辉，郭顺美，等. 不同饲用高粱品种群体光合性能指标变化的研究 [J]. 西北农业学报，2007（05）：180-183＋187.

[124] 裴芸，别之龙. 塑料大棚中不同灌水量下限对生菜生长和生理特性的影响 [J]. 农业工程学报，2008（09）：207-211.

[125] 彭立新，束怀瑞，李德全. 水分胁迫对苹果属植物抗氧化酶活性的影响研究 [J]. 中国生态农业学报，2004（03）：49-51.

[126] 齐红岩，李天来，张洁，等. 亏缺灌溉对番茄蔗糖代谢和干物质分配及果实品质的影响 [J]. 中国农业科学，2004（07）：1045-1049.

[127] 祁有玲，张富仓，李开峰. 水分亏缺和施氮对冬小麦生长及氮素吸收的影响 [J]. 应用生态学报，2009，20（10）：2399-2405.

[128] 钱卫鹏，邹志荣，孟长军. 大棚内膜下根系分区交替滴灌不同灌溉下

限对甜瓜生长及水分利用效率的影响［J］. 干旱地区农业研究，2007（03）：138-141.

[129] 裘正军，宋海燕，何勇，等. 应用 SPAD 和光谱技术研究油菜生长期间的氮素变化规律［J］. 农业工程学报，2007（07）：150-154.

[130] 曲桂敏，王鸿霞，束怀瑞. 氮对苹果幼树水分利用效率的影响［J］. 应用生态学报，2000（02）：199-201.

[131] 屈振江，周广胜. 中国富士苹果种植气候适宜区的年代际变化［J］. 生态学报，2016，36（23）：7551-7561.

[132] 任华中. 水氮供应对日光温室番茄生育、品质及土壤环境的影响［D］. 北京：中国农业大学，2003.

[133] 任哲斌. 水肥耦合对核桃幼树生长及肥料利用的影响［D］. 太原：山西大学，2020.

[134] 荣传胜，刘秀春，周朝辉，等. 滴灌减量施肥对果树产量、品质的影响［J］. 北方果树，2019（02）：5-7＋10.

[135] 山仑，徐萌. 节水农业及其生理生态基础［J］. 应用生态学报，1991（01）：70-76.

[136] 山仑. 节水农业与作物高效用水［J］. 河南大学学报（自然科学版），2003（01）：1-5.

[137] 沈明林. 我国果树科技发展战略研究［D］. 南京：南京农业大学，2000.

[138] 沈荣开，王康，张瑜芳，等. 水肥耦合条件下作物产量、水分利用和根系吸氮的试验研究［J］. 农业工程学报，2001（05）：35-38.

[139] 沈甜，牛锐敏，黄小晶，等. 基于层次-关联度和主成分分析的无核鲜食葡萄品质评价［J］. 食品工业科技，2021，42（03）：53-60＋67.

[140] 沈玉芳，李世清，邵明安. 水肥空间组合对冬小麦光合特性及产量的影响［J］. 应用生态学报，2007（10）：2256-2262.

[141] 沈允钢. 动态光合作用［M］. 北京：科学出版社，1998.

[142] 宋丽梅，代微然，任健，等. 干旱胁迫及复水处理对百脉根叶片丙二醛含量及抗氧化酶活性的影响 [J]. 云南农业大学学报（自然科学），2014，29（01）：37-42.

[143] 孙洪仁，刘国荣，张英俊，等. 紫花苜蓿的需水量、耗水量、需水强度、耗水强度和水分利用效率研究 [J]. 草业科学，2005（12）：24-30.

[144] 孙景生，肖俊夫，段爱旺，等. 夏玉米耗水规律及水分胁迫对其生长发育和产量的影响 [J]. 玉米科学，1999（02）：46-49＋52.

[145] 孙霞，柴仲平，蒋平安，等. 水氮耦合对苹果光合特性和果实品质的影响 [J]. 水土保持研究，2010，17（06）：271-274.

[146] 孙霞，柴仲平，蒋平安. 氮磷钾配比对南疆红富士苹果产量和品质的影响 [J]. 干旱地区农业研究，2011，29（06）：130-134.

[147] 汪德水. 旱地农田肥水协同效应与耦合模式. 北京：气象出版社，1999.

[148] 王朝辉，李生秀. 不同生育期缺水和补充灌水对冬小麦氮磷钾吸收及分配影响 [J]. 植物营养与肥料学报，2002（03）：265-270.

[149] 王聪翔，孙占祥，孙文涛，等. 水肥耦合与旱地农业可持续发展 [J] 杂粮作物，2005（03）：197-198.

[150] 王峰，杜太生，邱让建，等. 亏缺灌溉对温室番茄产量与水分利用效率的影响 [J]. 农业工程学报，2010，26（09）：46-52.

[151] 王海艺，韩烈保，杨永利，等. 水肥对洋白蜡生物量的耦合效应研究 [J]. 北京林业大学学报，2006（S1）：64-68.

[152] 王浩，汪林，杨贵羽，等. 我国农业水资源形势与高效利用战略举措 [J]. 中国工程科学，2018，20（05）：9-15.

[153] 王佳，慕瑞瑞，贾彪，等. 滴灌水肥一体化不同施氮量对玉米光合特性及产量的影响 [J]. 西南农业学报，2021，34（03）：558-565.

[154] 王进鑫，张晓鹏，高保山. 水肥耦合对矮化富士苹果幼树的促长促花作用研究 [J]. 干旱地区农业研究，2004（03）：47-50.

[155] 王静, 张磊, 杨洋, 等. 苹果品质评价指标研究进展 [J]. 宁夏农林科技, 2017, 58 (02): 3-5.

[156] 王军辉, 查学强, 罗建平, 等. 干旱胁迫对玉米幼苗脂质过氧化作用及保护酶活性的影响 [J]. 安徽农业科学, 2006 (15): 3568-3569 + 3571.

[157] 王磊. 有机栽培条件下水肥环境对盆栽番茄生长影响的试验研究 [D]. 北京: 中国农业大学, 2004.

[158] 王丽学, 李振华, 姜熙, 等. 不同水肥条件对温室黄瓜生长及产量品质的影响 [J]. 沈阳农业大学学报, 2019, 50 (1): 78-86.

[159] 王丽英, 张彦才, 李若楠, 等. 水氮供应对温室黄瓜干物质积累、养分吸收及分配规律的影响 [J]. 华北农学报, 2012, 27 (05): 230-238.

[160] 王丽媛, 丁国华, 黎莉. 脯氨酸代谢的研究进展 [J]. 哈尔滨师范大学自然科学学报, 2010, 26 (02): 84-89.

[161] 王连君, 王程翰, 乔建磊, 等. 膜下滴灌水肥耦合对葡萄生长发育、产量和品质的影响 [J]. 农业机械学报, 2016, 47 (06): 113-119 + 92.

[162] 王林林. 不同滴灌模式对梨园土壤水肥分布及果树生长影响的研究 [D]. 太原: 太原理工大学, 2021.

[163] 王鹏勃, 李建明, 丁娟娟, 等. 水肥耦合对温室袋培番茄品质、产量及水分利用效率的影响 [J]. 中国农业科学, 2015, 48 (02): 314-323.

[164] 王巧仙, 张江红, 张玉星. 水肥耦合对梨园土壤养分和果实品质的影响 [J]. 中国果树, 2013 (04): 18-23.

[165] 王庆锁, 梅旭荣. 中国农业水资源可持续利用方略 [J]. 农学学报, 2017, 7 (10): 80-83.

[166] 王铁固, 赵新亮, 张怀胜, 等. 种植密度对玉米叶部性状及灌浆速率的影响 [J]. 贵州农业科学, 2012, 40 (03): 75-78.

[167] 王铁良, 周罕琳, 李波, 等. 水肥耦合对树莓光合特性和果实品质的影响 [J]. 水土保持学报, 2012, 26 (06): 286-290 + 296.

［168］王小彬，代快，赵全胜，等. 农田水氮关系及其协同管理［J］. 生态学报，2010，30（24）：7001-7015.

［169］王小兵，李明思，何春燕. 膜下高频滴灌棉花田间耗水规律的试验研究［J］. 水资源与水工程学报，2008（01）：39-42.

［170］王心悦，迟馨，杜晓云，等. 苹果商品性状的表观指标及影响因素［J］. 中国果菜，2019，39（05）：28-31＋57.

［171］王新，马富裕，刁明，等. 不同施氮水平下加工番茄植株生长和氮素积累与利用率的动态模拟［J］. 应用生态学报，2014，25（04）：1043-1050.

［172］王学文，付秋实，王玉珏，等. 水分胁迫对番茄生长及光合系统结构性能的影响［J］. 中国农业大学学报，2010，15（01）：7-13.

［173］吴海华，盛建东，陈波浪，等. 不同水氮组合对全立架栽培伽师瓜产量与品质的影响［J］. 植物营养与肥料学报，2013，19（04）：885-892.

［174］吴立峰，张富仓，范军亮，等. 水肥耦合对棉花产量、收益及水分利用效率的效应［J］. 农业机械学报，2015，46（12）：164-172.

［175］吴立峰，张富仓，张鹏，等. 灌水和施氮对甘肃河西绿洲春小麦生长及产量的影响［J］. 西北农林科技大学学报（自然科学版），2011，39（07）：55-63.

［176］吴立峰，张富仓，张鹏，等. 灌水和施氮对甘肃河西绿洲春小麦生长及产量的影响［J］. 西北农林科技大学学报（自然科学版），2011，39（7）：55-63.

［177］吴立峰，张富仓，周罕觅，等. 不同滴灌施肥水平对北疆棉花水分利用率和产量的影响［J］. 农业工程学报，2014，30（20）：137-146.

［178］吴宗钊，原保忠. 水肥耦合对水稻生长、产量及氮素利用效率的影响［J］. 水资源与水工程学报，2020，31（04）：199-207＋215.

［179］夏阳，梁慧敏，束怀瑞，等. NaCl 胁迫下苹果幼树叶片膜透性、脯氨酸及矿质营养水平的变化［J］. 果树学报，2005（01）：1-5.

[180] 夏阳. 水分逆境对果树脯氨酸和叶绿素含量变化的影响 [J]. 甘肃农业大学学报, 1993 (01): 26-31.

[181] 向友珍. 滴灌施肥条件下温室甜椒水氮耦合效应研究 [D]. 咸阳: 西北农林科技大学, 2017.

[182] 谢丽红, 李浩, 钟文挺, 等. 肥料利用率及其提升措施 [J]. 四川农业科技, 2017 (03): 30-31.

[183] 辛承松, 杨晓东, 罗振, 等. 黄河流域棉区棉花肥水协同管理技术及其应用 [J]. 中国棉花, 2016, 03: 31-32.

[184] 邢维芹, 王林权, 骆永明, 等. 半干旱地区玉米的水肥空间耦合效应研究 [J]. 农业工程学报, 2002 (06): 46-49.

[185] 邢英英, 张富仓, 吴立峰, 等. 基于番茄产量品质水肥利用效率确定适宜滴灌灌水施肥量 [J]. 农业工程学报, 2015, 31 (S1): 110-121.

[186] 邢英英, 张富仓, 张燕, 等. 滴灌施肥水肥耦合对温室番茄产量、品质和水氮利用的影响 [J]. 中国农业科学, 2015, 48 (04): 713-726.

[187] 徐灿, 孙建波, 宋建辰, 等. 滴灌水肥一体化不同施氮量对玉米叶绿素含量和荧光特性的影响 [J]. 江苏农业科学, 2018, 46 (10): 54-58.

[188] 徐迪, 龚时宏, 李益农, 等. 作物水分生产率改善途径与方法研究综述 [J]. 水利学报, 2010, 41 (6): 631-639.

[189] 徐富贤, 熊洪, 张林, 等. 施氮对冬水田杂交中稻本田生长期叶片叶绿素含量的影响 [J]. 杂交水稻, 2012, 27 (02): 66-70.

[190] 徐坤范, 李明玉, 艾希珍. 氮对日光温室黄瓜呈味物质、硝酸盐含量及产量的影响 [J]. 植物营养与肥料学报, 2006 (05): 717-721.

[191] 许迪, 龚时宏, 李益农, 等. 作物水分生产率改善途径与方法研究综述 [J]. 水利学报, 2010, 41 (06): 631-639.

[192] 许文其, 宋时雨, 杨昊霖, 等. 滴灌水肥一体化技术研究进展 [J]. 现代农业科技, 2018 (03): 196-197.

[193] 薛青武, 陈培元. 快速水分胁迫下氮素营养水平对小麦光合作用的影

响 [J]. 植物学报，1990（07）：533-537.

[194] 闫湘，金继运，梁鸣早. 我国主要粮食作物化肥增产效应与肥料利用效率 [J]. 土壤，2017，49（06）：1067-1077.

[195] 杨青林，桑利民，孙吉茹，等. 我国肥料利用现状及提高化肥利用率的方法 [J]. 山西农业科学，2011，39（07）：690-692.

[196] 杨小振，张显，马建祥，等. 滴灌施肥对大棚西瓜生长、产量及品质的影响 [J]. 农业工程学报，2014，30（07）：109-118.

[197] 姚磊，杨阿明. 不同水分胁迫对番茄生长的影响 [J]. 华北农学报，1997（02）：103-107.

[198] 叶霜，熊博，邱霞，等. 果实品质综合评价体系的建立及其在黄果柑果实上的应用 [J]. 浙江农业学报，2017，29（12）：2038-2050.

[199] 易文裕，程方平，熊昌国，等. 农业水肥一体化的发展现状与对策分析 [J]. 中国农机化学报，2017，38（10）：111-115＋120.

[200] 尹光华，刘作新，陈温福，等. 水肥耦合条件下春小麦叶片的光合作用 [J]. 兰州大学学报，2006（01）：40-43.

[201] 余淑文，汤章城. 植物生理与分子生物学. 北京：科学出版社，1998.

[202] 虞娜，张玉龙，邹洪涛，等. 温室内膜下滴灌不同水肥处理对番茄产量和品质的影响 [J]. 干旱地区农业研究，2006（01）：60-64.

[203] 袁国富，罗毅，孙晓敏，等. 作物冠层表面温度诊断冬小麦水分胁迫的试验研究 [J]. 农业工程学报，2002（06）：13-17.

[204] 袁丽萍，米国全，赵灵芝，等. 水氮耦合供应对日光温室番茄产量和品质的影响 [J]. 中国土壤与肥料，2008（02）：69-73.

[205] 袁宇霞，张富仓，张燕，等. 滴灌施肥灌水下限和施肥量对温室番茄生长、产量和生理特性的影响 [J]. 干旱地区农业研究，2013，31（01）：76-83.

[206] 岳文俊，张富仓，李志军，等. 返青期水分胁迫、复水和施肥对冬小麦生长及产量的影响 [J]. 西北农林科技大学学报（自然科学版），

2012，40（02）：57-63＋78.

[207] 岳文俊，张富仓，李志军，等. 水氮耦合对甜瓜氮素吸收与土壤硝态氮累积的影响［J］. 农业机械学报，2015，46（02）：88-96＋119.

[208] 张宝忠，彭致功，雷波，等. 我国典型作物用水特征及现代农业灌溉技术模式［J］. 中国工程科学，2018，20（05）：77-83.

[209] 张宾，赵明，董志强，等. 作物产量"三合结构"定量表达及高产分析［J］. 作物学报，2007（10）：1674-1681.

[210] 张昌爱，张民，马丽，等. 设施芹菜水肥耦合效应模型探析［J］. 中国生态农业学报，2006（01）：145-148.

[211] 张富仓，高月，焦婉如，等. 水肥供应对榆林沙土马铃薯生长和水肥利用效率的影响［J］. 农业机械学报，2017，48（03）：270-278.

[212] 张富仓，严富来，范兴科，等. 滴灌施肥水平对宁夏春玉米产量和水肥利用效率的影响［J］. 农业工程学报，2018，34（22）：111-120.

[213] 张国红. 施肥水平对日光温室番茄生育和土壤环境的影响［D］. 中国农业大学，2004.

[214] 张海伟，徐芳森. 不同磷水平下甘蓝型油菜光合特性的基因型差异研究［J］. 植物营养与肥料学报，2010，16（05）：1196-1202.

[215] 张慧琴，谢鸣，梁英龙，等. 肥水耦合对蓝莓产量和品质的影响［J］. 中国园艺文摘，2010，26（12）：40-41.

[216] 张洁瑕. 高寒半干旱区蔬菜水肥耦合效应及硝酸盐限量指标的研究.［D］. 保定：河北农业大学，2003.

[217] 张军科，李兴亮，李民吉，等. 影响消费者对"富士"苹果品质主观评价的因素分析及评价模型建立［J］. 果树学报，2017，34（10）：1316-1322.

[218] 张丽霞，尹钧，武继承，等. 滴灌水肥一体化对小麦产量和品质及水肥利用的影响［J］. 河南农业大学学报，2021，55（02）：206-213.

[219] 张烈，沈秀瑛，孙彩霞. 脯氨酸对玉米抗旱性影响的研究［J］. 华北

农学报, 1999（01）：38-41.

[220] 张鹏, 范家慧, 程宁宁, 等. 水肥一体化减量施肥对芒果产量、品质及肥耗的影响 [J]. 中国土壤与肥料, 2019（02）：114-118.

[221] 张鹏, 张富仓, 吴立峰, 等. 不同灌水和施氮对河西绿洲春玉米生长、产量和水分利用的影响 [J]. 干旱地区农业研究, 2011, 29（04）：137-143.

[222] 张鹏. 滴灌水肥耦合对陕北风沙区温室油桃生长和产量的影响 [D]. 咸阳：西北农林科技大学, 2019.

[223] 张淑香, 金柯, 蔡典雄, 等. 水分胁迫条件下不同氮磷组合对小麦产量的影响 [J]. 植物营养与肥料学报, 2003（03）：276-279.

[224] 张岁岐, 山仑, 薛青武. 氮磷营养对小麦水分关系的影响 [J]. 植物营养与肥料学报, 2000（02）：147-151＋165.

[225] 张岁岐, 山仑, 赵丽英. 土壤干旱下氮磷营养对玉米气体交换的影响 [J]. 植物营养与肥料学报, 2002（03）：271-275.

[226] 张宪法, 于贤昌, 张振贤. 土壤水分对温室黄瓜结果期生长与生理特性的影响 [J]. 园艺学报, 2002（04）：343-347.

[227] 张新燕, 王浩翔, 牛文全. 水氮供应对温室滴灌番茄水氮分布及利用效率的影响 [J]. 农业工程学报, 2020, 36（09）：106-115.

[228] 张艳玲, 宋述尧. 氮素营养对番茄生长发育及产量的影响 [J]. 北方园艺, 2008（02）：25-26.

[229] 张燕, 张富仓, 袁宇霞, 等. 灌水和施肥对温室滴灌施肥番茄生长和品质的影响 [J]. 干旱地区农业研究, 2014, 32（02）：206-212.

[230] 张依章, 张秋英, 孙菲菲, 等. 水肥空间耦合对冬小麦光合特性的影响 [J]. 干旱地区农业研究, 2006（02）：57-60.

[231] 张永清, 苗果园. 水分胁迫条件下有机肥对小麦根苗生长的影响 [J]. 作物学报, 2006（06）：811-816.

[232] 张玉凤, 董亮, 刘兆辉, 等. 不同肥料用量和配比对西瓜产量、品质

及养分吸收的影响[J]. 中国生态农业学报, 2010, 18 (04): 765-769.

[233] 张振华, 蔡焕杰, 杨润亚, 等. 膜下滴灌棉花产量和品质与作物缺水指标的关系研究 [J]. 农业工程学报, 2005 (06): 26-29.

[234] 张志亮. 灌水和施氮对果树幼苗水分传输和耗水规律的影响 [D]. 咸阳: 西北农林科技大学, 2008.

[235] 仇服春, 高洪岐, 安然, 等. 果园节水灌溉与水肥一体化的应用[J]. 北方果树, 2017 (06): 16-18.

[236] 赵义涛, 梁运江, 许广波. 水肥耦合对保护地辣椒水分利用效率的影响 [J]. 吉林农业大学学报, 2007 (05): 523-527 + 546.

[237] 赵佐平, 段敏, 同延安. 不同施肥技术对不同生态区苹果产量及品质的影响 [J]. 干旱地区农业研究, 2016, 34 (05): 158-165.

[238] 赵佐平, 同延安. 不同施肥处理对富士苹果产量、品质及耐贮性的影响 [J]. 中国农业大学学报, 2016, 21 (04): 26-34.

[239] 郑健, 蔡焕杰, 王燕, 等. 不同供水条件对温室小型西瓜苗期根区土壤水分、温度及生理指标的影响 [J]. 干旱地区农业研究, 2011, 29 (03): 35-41 + 47.

[240] 郑小春, 卢海蛟, 车金鑫, 等. 白水县苹果产量及施肥现状调查. 西北农林科技大学学报 (自然科学版), 2011, 39 (9): 145-151

[241] 郑昭佩, 刘作新. 水肥耦合与半干旱区农业可持续发展 [J]. 农业现代化研究, 2000 (05): 291-294.

[242] 中国工程院重大咨询项目组. 中国水资源现状评价和供需发展趋势分析. 北京: 中国水利水电出版社, 2001.

[243] 周罕觅, 牛晓丽, 燕辉, 等. 水肥耦合对苹果幼树生长及光合特性的影响 [J]. 河南农业科学, 2019, 48 (10): 112-119.

[244] 周罕觅, 张富仓, Roger Kjelgren, 等. 苹果幼树生理特性和水分生产率对水肥的响应研究 [J]. 农业机械学报, 2015, 46 (04): 77-87.

[245] 周罕觅, 张富仓, Roger Kjelgren, 等. 水肥耦合对苹果幼树产量、

品质和水肥利用的效应[J]. 农业机械学报, 2015, 46 (12): 173-183.

[246] 周罕觅, 张富仓, 龚道枝, 等. 桃树树干液流和冠层温度对不同灌溉水量的响应 [J]. 西北农林科技大学学报 (自然科学版), 2011, 39 (03): 188-196.

[247] 周罕觅, 张富仓, 李志军, 等. 桃树需水信号及产量和果实品质对水分的响应研究 [J]. 农业机械学报, 2014, 45 (12): 171-180.

[248] 周罕觅. 苹果幼树水肥耦合效应及高效利用机制研究 [D]. 咸阳: 西北农林科技大学, 2015.

[249] 周罕觅. 桃树需水信号对灌水量和微气象环境的响应研究 [D]. 咸阳: 西北农林科技大学, 2011.

[250] 周祥, 陈爱晶, 张璇. 大棚草莓水肥一体化滴灌施肥试验 [J]. 浙江农业科学, 2017, 58 (01): 72-74.

[251] 周续莲, 吴宏亮, 康建宏, 等. 不同灌水处理对春小麦水分利用率和光合速率的影响 [J]. 农业科学研究, 2011, 32 (04): 1-5 + 37.

[252] 周振江, 牛晓丽, 李瑞, 等. 番茄叶片光合作用对水肥耦合的响应[J]. 节水灌溉, 2012 (02): 28-32 + 37.

[253] 朱德兰, 王文娥, 楚杰. 黄土高原丘陵区红富士苹果水肥耦合效应研究 [J]. 干旱地区农业研究, 2004 (01): 152-155.

[254] 朱再标, 梁宗锁, 王渭玲, 等. 氮磷营养对柴胡抗旱性的影响[J]. 干旱地区农业研究, 2005 (02): 95-99 + 114.

[255] 诸葛玉平, 张玉龙, 张旭东, 等. 塑料大棚渗灌灌水下限对番茄生长和产量的影响 [J]. 应用生态学报, 2004 (05): 767-771.

[256] 邹琦, 李德. 全作物栽培生理研究. 北京: 中国农业科技出版社, 1998.